CATALOGUE

DES

OISEAUX

OBSERVÉS, DE 1845 A 1874, DANS LES DÉPARTEMENTS

DU DOUBS ET DE LA HAUTE-SAONE

PAR LÉON LACORDAIRE

ANCIEN INSPECTEUR DES TÉLÉGRAPHES

REVU ET PUBLIÉ

PAR LE Dr LOUIS MARCHANT

CONSERVATEUR DU MUSÉE D'HISTOIRE NATURELLE DE DIJON

Membre correspondant de la Société d'Émulation du Doubs.

BESANÇON

IMPRIMERIE DODIVERS ET Cie, GRANDE-RUE, 87.

1877

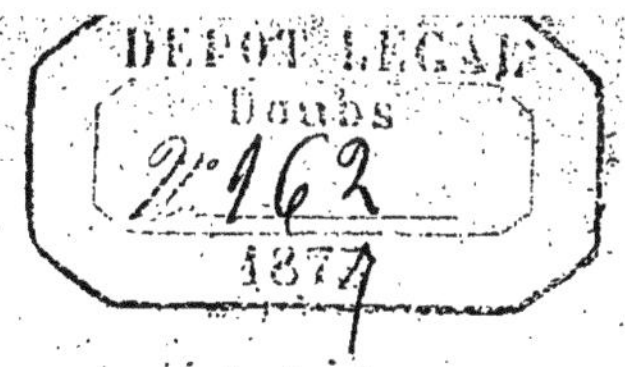

CATALOGUE DES OISEAUX

observés, de 1845 à 1874, dans les départements

DU DOUBS ET DE LA HAUTE-SAONE

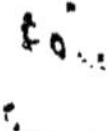

CATALOGUE

DES

OISEAUX

OBSERVÉS, DE 1845 A 1874, DANS LES DÉPARTEMENTS

DU DOUBS ET DE LA HAUTE-SAONE

PAR LÉON LACORDAIRE

ANCIEN INSPECTEUR DES TÉLÉGRAPHES

REVU ET PUBLIÉ

PAR LE Dr LOUIS MARCHANT

CONSERVATEUR DU MUSÉE D'HISTOIRE NATURELLE DE DIJON

Membre correspondant de la Société d'Emulation du Doubs.

BESANÇON

IMPRIMERIE DODIVERS ET Cie, GRANDE-RUE, 87.

1877

Madame Lacordaire a bien voulu me charger de revoir et de préparer pour l'impression le *Catalogue des oiseaux du Doubs et de la Haute-Saône,* œuvre d'un mari bien-aimé.

Je me suis acquitté de cette tâche pieuse avec un véritable bonheur, et en même temps avec la plus grande discrétion, c'est-à-dire en ajoutant très peu et en retranchant le moins possible.

Mais là n'était pas la difficulté; il fallait trouver une place honorable à ce catalogue, fruit de vingt années d'observations.

A cet égard, tout ce qu'auraient pu rêver l'auteur, sa veuve, et je puis dire aussi l'éditeur, est aujourd'hui un fait accompli, grâce à la Société d'Emulation du Doubs.

Ce livre aura donc la double bonne fortune d'être publié dans son véritable milieu et dans les Mémoires d'une des sociétés savantes qui font le plus d'honneur à notre pays.

Est-ce téméraire de croire que son succès est deux fois assuré ?

Dijon, le 26 mars 1877.

Dr Louis Marchant.

AVERTISSEMENT DE L'AUTEUR.

Depuis l'*Essai sur le catalogue des oiseaux du Doubs*, publié par M. Brocard en 1857, je ne sache pas que personne se soit occupé de cette branche de l'histoire naturelle dans ce département.

Je me décide donc à remplir cette lacune pour le Doubs et la Haute-Saône que j'ai parcourus pendant trente ans avec le zèle d'un chasseur collectionneur des plus consciencieux. J'ai vu de mes propres yeux tous les sujets décrits dans ce catalogue, soit à l'état vivant, soit à l'état de dépouilles.

J'aurais pu n'indiquer que les noms des espèces et leur provenance, mais j'avais fait dans mes courses tant d'observations plus ou moins connues, que je n'ai pu m'empêcher d'en relater quelques-unes.

Je ne doute pas que ce travail ne soit encore bien incomplet; mais c'est déjà un chiffre considérable que celui de 260 espèces constatées dans un espace aussi restreint, quand on considère que le nombre des espèces d'Europe ne s'élève qu'à 531 d'après le Catalogue de Degland et Gerbe, publié en 1867.

Je dois à M. Constantin, préparateur à la Faculté des sciences de Besançon, et à quelques chasseurs, la connaissance de plusieurs espèces dont l'apparition dans notre zone est excessivement rare.

Mon bagage ornithologique se compose de ma collection,

qui comprend près de 900 sujets (1), d'un album en trois volumes contenant 672 oiseaux dessinés et coloriés par moi d'après nature (2), et enfin du présent Catalogue.

Léon LACORDAIRE.

---

(1) Cette collection a été acquise par la Faculté des sciences de Dijon.
(2) L'album appartient aujourd'hui au Dr Louis MARCHANT, éditeur de ce Catalogue.

CATALOGUE

ORDRE I.

OISEAUX DE PROIE.

A. — Oiseaux de proie diurnes.

FAMILLE I.

VULTURIDÉS.

GENRE UNIQUE. — **Vautour** *(Vultur).*

1. — V. FAUVE, vulgairement Vautour griffon (*V. fulvus*, Briss.)

Dans une course faite en montagne, en 1847, avec M. Pidancet, alors préparateur à la Faculté des sciences de Besançon, nous avons découvert les débris d'un vautour griffon qui avait été cloué à la porte d'une grange, dans un village voisin de Nozeroy.

C'est sur l'assurance qui m'a été donnée par le propriétaire de cette grange que cet oiseau avait été tué dans le pays, que je me suis décidé à le faire figurer dans ce Catalogue.

FAMILLE II.

GYPAETIDÉS.

2. — G. BARBU (*Gypaetus barbatus*, Linn.).

En 1856, j'ai vu, dans la cour d'une brasserie à

Mulhouse, un gypaète vivant, auquel manquait la moitié d'une aile.

J'appris que cet oiseau avait été capturé par un agent forestier des montagnes du Doubs, et envoyé par lui à l'un de ses amis qui l'avait vendu au propiétaire de l'établissement où le hasard me le fit rencontrer.

C'est un des plus grands rapaces d'Europe. Jadis il était commun en Suisse, où il est devenu rare. Nos voisins en ont fait un oiseau légendaire, comme le prouvent les histoires incroyables, anciennes et mo-modernes, qu'en raconte M. Tschudi dans la *Faune des Alpes*, Neuchâtel, 1856.

FAMILLE III.

FALCONIDÉS.

Genre I. — Faucon.

3. — F. PÈLERIN (*F. peregrinus*, Briss.).

Comme oiseau de passage, ce faucon n'est pas rare dans nos départements. Tous les hivers j'ai occasion d'en voir quelques-uns, mais rarement d'en tuer, ce qui n'arrive que quand il poursuit une proie ou quand on le surprend occupé à la dévorer. Ce dernier cas ne se présente pas souvent, car alors il se place de façon à voir venir de loin et à pouvoir s'enfuir à temps en emportant son butin.

Ce faucon est un des plus grands destructeurs du genre. Tout gibier lui est bon, même la corneille. J'ai assisté bien souvent à ses chasses, et en ai même profité sans aucun scrupule, car il est parfois obligé d'abandonner ses prises faute de forces suffisantes pour les enlever de terre; quand, par exemple, il s'est emparé d'un canard ou d'un autre oiseau de même poids.

Dans cette espèce, comme chez tous les oiseaux de proie, le mâle est toujours d'un quart ou d'un tiers plus petit que la femelle. Les jeunes diffèrent des vieux jusqu'à la troisième année.

4. — F. HOBEREAU (*F. subbuteo*, Linn.).

Sédentaire chez nous pendant toute la belle saison, car il apparaît dès la fin d'avril pour ne repartir que dans les premiers jours d'octobre. C'est lui qui suit les chasseurs et s'élance sur les alouettes et les cailles qu'ils font lever. Les jeunes perdreaux sont quelquefois ses victimes, mais les vieilles perdrix se débarrassent facilement de ses serres; j'ai été plusieurs fois témoin du fait. Les petits oiseaux qu'il poursuit peuvent rarement lui échapper. Il mange aussi beaucoup d'insectes qu'il prend au vol, tels que libellules, papillons, etc.

5. — F. EMÉRILLON (*F. lithofalco*, Briss.).

Il arrive dès que le hobereau a quitté nos contrées. Il nous vient du nord, séjourne pendant une partie de l'hiver et disparaît complétement à la fin de mars. C'est le plus petit de nos oiseaux de proie. Son vol est excessivement rapide et sa témérité extraordinaire, car il ne craint pas d'entrer jusque dans les appartements pour y saisir l'oiseau qu'il poursuit. Il fréquente souvent les bois où il fait une grande destruction de mésanges.

6. — F. CRESSERELLE (*F. tinnunculus*, Linn.).

Il y a peu de localités en France où on ne rencontre la cresserelle. C'est de tous les oiseaux de proie celui qui détruit le moins de gibier. Sa nourriture consiste principalement en souris, lézards, insectes. En fait d'oiseaux, il ne s'empare guère que des jeunes, ou de ceux qui ont été pris au piége. Il ne poursuit jamais sa proie à tire-d'aile. Sa manière de chasser consiste à s'élever à une certaine hauteur, d'où il plane sans bouger de place, mais en agitant ses ailes et en étalant sa queue. C'est de là qu'il se précipite sur l'objet de sa convoitise, qu'il mange sur place ou transporte à quelque distance. On peut le voir répéter cette manœuvre pendant des heures entières.

Il niche indistinctement dans les vieux édifices, dans les fentes des rochers et dans les nids abandonnés de pies et de corneilles.

7. — F. KOBEZ ou à pieds rouges (*F. vespertinus*, Linn.).

Ce petit faucon n'est guère plus grand que l'émérillon. Son apparition chez nous est extrêmement rare. En 1857, j'en ai vu un mâle, et en 1862, le jour de l'ouverture de la chasse, j'en ai tué une femelle. C'est tout ce que je sais de cet oiseau, mais je crois que par ses habitudes il a beaucoup d'analogie avec le hobereau. Comme lui, il mange beaucoup d'insectes, et comme lui, il suit les chasseurs. La femelle que j'ai tuée exécutait les mêmes manœuvres, et c'est au moment où elle se précipitait sur une alouette que je l'ai abattue.

Le mâle est généralement couleur de plomb sans aucune tache : les cuisses et le dessous de la queue d'un roux foncé ; le tour des yeux et les pieds d'un rouge cramoisi ; ongles jaunes.

La femelle a les parties supérieures d'un bleu noirâtre, et les inférieures roussâtres, rayées de brun ; pieds couleur orange.

Deux individus tués en 1872, l'un à Cussey et l'autre à Emagny. (Renseignement fourni par M. Constantin.)

Genre II. — Aigle (*Aquila*).

8. — A. CRIARD (*A. nævia*, Briss.).

Vu plusieurs fois dans la vallée de l'Ognon à son

passage de novembre. M. Brocard (1) dit qu'il est assez commun dans la haute montagne, où il niche et où l'on entend à chaque instant son cri plaintif.

J'ai fait à plusieurs reprises des stations de huit à dix jours sur les hauts sommets des environs de Mouthe et de Pontarlier, mais je n'ai jamais vu et entendu que la buse commune.

M. Constantin en a monté un qui avait été tué, le 5 janvier 1873, près de Rioz (Haute-Saône).

9. — A. BOTTÉ (*A. pennata*, Briss.).

Cet aigle est beaucoup plus petit que le précédent. Son apparition doit être très-rare dans nos contrées, puisqu'en 1840 on n'avait encore signalé que deux captures de cet oiseau. La première avait eu lieu à Vitry-le-Français, et la seconde à Nancy. J'ai vu ces deux individus.

Un chasseur de Sauvigney (Haute-Saône), qui empaille les oiseaux qui ne lui paraissent pas bons à mettre à la broche, m'a fait cadeau d'un rapace qui a tous les caractères de l'aigle botté, mais qui en diffère par la coloration des plumes. En voici la description détaillée :

Bec d'aigle, tarses couverts de plumes jusque sur les doigts, deux taches d'un blanc pur à l'insection des ailes ; tête et parties supérieures d'un brun foncé, chaque plume présentant une raie plus foncée ; parties inférieures d'un brun roux avec un trait noir sur les baguettes, dessous de la queue d'un blanc sale avec bandes peu apparentes. Ce doit être un jeune sujet.

---

(1) *Essai sur le catalogue des oiseaux du Doubs*, Besançon, 1857.

Genre III. — **Pygargue** (*Haliætus*).

10. — P. ORDINAIRE (*H. ossifragus.* Linn.).

Son apparition dans le Doubs n'est pas très-rare, puisque trois sujets y ont été capturés depuis une dizaine d'années, dont un dans un filet à ramiers, près de Clerval. Il n'est guère plus petit que l'aigle royal. Pour le reconnaître de celui-ci, il suffit d'examiner les tarses. Ils sont nus chez le premier, tandis que chez le second ils sont couverts jusque sur les doigts de petites plumes duvetées. Le bec du pygargue est aussi plus puissant.

On le rencontre le plus souvent à proximité des rivières et des étangs. Il se nourrit de poisson et de gibier d'eau. J'en possède un qui a été pris sur le bord d'un étang, à Champaubert, au moyen d'un piége à renard ayant une carpe pour appât.

Genre IV. — **Balbuzard** (*Pandion*).

11. — B. FLUVIATILE (*P. haliætus*, Linn.).

Quelques couples passent régulièrement sur nos rivières dans les mois d'avril et de septembre. Il est connu dans notre pays sous le nom de *grand martin-pêcheur*. Quoique le poisson fasse le fond de sa nourriture, il mange aussi des grenouilles. Je l'ai observé plongeant dans une petite mare où il n'y avait pas un seul poisson, mais beaucoup de grenouilles et de crapauds. Chaque fois qu'il prenait un de ces reptiles, il venait se poser sur le bord de l'eau pour le dépecer, et comme il en abandonnait quelques débris, j'ai pu ainsi constater cette particularité.

Un nommé Perrot, pêcheur et chasseur, de Saint-Jean-de-Losne (Côte-d'Or), m'a assuré avoir trouvé dans les parties charnues d'une grosse carpe plusieurs ongles ayant appartenu à cet oiseau. Ce pêcheur supposait que très probablement ce balbuzard, s'étant attaqué à une trop grosse proie, avait été entraîné sous l'eau et asphyxié avant d'avoir pu se dégager. Ce même observateur m'a dit également avoir vu fort souvent cet oiseau enlever des poissons qui ne pesaient pas moins de deux kilogrammes.

Genre V. — **Circaète** (*Circaetus*).

12. — C. JEAN-LE-BLANC (*C. gallicus*, Gmel.).

Cet oiseau est d'un tiers plus grand que la buse. Il arrive dans notre pays à la fin de mars et le quitte en septembre et octobre, son genre de nourriture ne lui permettant pas de passer l'hiver chez nous, car il est bien prouvé qu'elle ne consiste qu'en reptiles de toute espèce.

Quoique rare, plusieurs captures en ont été faites dans nos départements. La dernière a été opérée par un vigneron de Marnay qui en a tué un d'un coup d'échalas. Il l'avait surpris à demi-asphyxié par la trop grande quantité de nourriture qu'il venait d'absorber. Il avait en effet dans l'estomac un énorme crapaud et une couleuvre de 90 centimètres de longueur, dont la queue lui sortait encore du bec.

C'est la troisième fois que j'ai connaissance d'un semblable fait. Il doit même se présenter souvent, ce rapace ayant l'habitude d'avaler sa proie sans la dépecer, quel que soit son volume.

Cet oiseau ne pond qu'un œuf par an. Son nid, très volumineux, est ordinairement placé à la hauteur moyenne d'un hêtre ou d'un chêne, et il lui sert pendant plusieurs années quand même on en a enlevé son jeune.

On le dit commun dans la côte de la Bourgogne.

Tous les mois, pendant sept années, j'ai parcouru cette côte, du Châtillonnais au département de Saône-et-Loire, et sans l'avoir vu une seule fois (1).

Buffon dit, en parlant de cet oiseau, qu'il est assez commun en Bourgogne et redouté des cultivateurs par les déprédations qu'il commet en s'introduisant dans les fermes pour enlever la volaille et les pigeons. Ces méfaits incombent au *Falco palumbarius* et non à notre oiseau.

GENRE VI. — Autour (*Astur*).

13. — A. ÉPERVIER (*A. nisus*, Linn.).

Commun en automne, mais rare en été dans notre région. Il se nourrit surtout de petits oiseaux, bien qu'il attaque aussi les perdrix, les tourterelles et même les pigeons.

On jugera par le fait suivant de la quantité d'oiseaux qu'il peut détruire en un jour.

Au mois de mars 1835, me trouvant dans les bois de Bligny-sur-Ouche (Côte-d'Or), à l'heure de la passe de la bécasse, je fus frappé par de véritables cris de détresse que poussait un pic-vert, à quelque distance de moi. M'étant approché, je vis un épervier tournant rapidement autour d'un chêne et cherchant à s'emparer d'un ces oiseaux. Profitant d'un instant favorable, j'abattis le chasseur. Etonné de la saillie extraordinaire de son jabot, je l'ouvris pour en vérifier le contenu. J'y trouvai d'abord un rouge-gorge, puis une alouette et un pinson, enfin des fragments méconnaissables. Sans mon arrivée, il est probable que

(1) Il est cependant assez commun dans le vallon de l'Ignon. Voir dans notre *Catalogue des oiseaux de la Côte-d'Or*, Dijon, 1869, les curieuses observations de M. Couturier de Tarsul qui a enlevé plus de *quarante* nids de cet oiseau. (*Note de l'Editeur.*)

le pic-vert aurait été s'ajouter à ces nombreuses victimes.

14. — A. ORDINAIRE (*A. palumbarius*, Linn.).

C'est un grand destructeur de gibier ; heureusement il n'est pas commun. Il égale le faucon pèlerin en force et en courage, mais sa manière de chasser est toute différente.

Le plus souvent il guette sa proie dans l'intérieur des forêts, ou bien il rase les taillis d'un vol léger pour surprendre le ramier, la bécasse, le merle, le geai, etc.

En hiver, il s'approche en tapinois des habitations pour enlever une poule ou un pigeon.

Il se prend souvent dans les filets tendus aux ramiers et aux corneilles, en fondant sur les *meutes*. A l'époque où ce mode de chasse était autorisé dans le Doubs, on en apportait souvent sur le marché de Besançon.

Les vieux diffèrent des jeunes en ce que les parties supérieures sont d'un cendré bleuâtre, et les inférieures blanches, rayées transversalement de bandes brunes très étroites.

Les jeunes ont les parties supérieures d'un brun roussâtre et les inférieures blanchâtres, variées de longues taches d'un brun foncé.

GENRE VII. — Milan (*Milvus*).

15. — M. ROYAL (*M. regalis*, Briss.).

De passage régulier au printemps et en automne, souvent par bandes de dix à quinze individus suivant la même ligne, mais à une assez grande distance les uns des autres.

On ne le voit pas souvent se jeter sur une proie vivante ; il se nourrit le plus souvent de débris d'animaux en putréfaction. Il est sédentaire dans le département des Landes, où j'en ai tué plusieurs, et entre autres un remarquable par la courbure de la partie supérieure du bec. Ayant donné ce sujet à M. Nodot, de Dijon, il pourrait se faire que cet oiseau fût encore dans le cabinet de la ville (1). Pour distinguer au vol les milans des buses, il faut examiner la queue ; chez les premiers elle est longue et fourchue, tandis qu'elle est de longueur moyenne et arrondie chez les buses.

16. — M. NOIR (*M. niger*, Briss.).

Ce milan niche dans nos départements, où il arrive à la fin de mars pour repartir en octobre.

Plus hardi que le précédent, on le voit rôder sans cesse autour des villages, cherchant à enlever quelque jeune volaille.

Dans les plaines de la Bourgogne où l'on conduit les oies au pâturage, il vient souvent prendre un oison au milieu du troupeau. Il fréquente aussi le bord des étangs et des rivières pour y saisir quelque poisson mort ou vivant ; il mange aussi de la charogne.

Il est un peu moins grand que le précédent. Son plumage est d'un brun foncé sur les parties supérieures, et d'un brun roussâtre en dessous, avec des taches longitudinales sur les plumes ; cuisses rousses, tête blanchâtre, queue peu fourchue.

Genre VIII. — Buse (*Buteo*).

17. — B. VULGAIRE (*B. vulgaris*, Ch. Bonap.).

Très commune partout, mais niche de préférence en montagne, d'où elle descend en octobre pour passer son hiver dans la plaine. Elle se nourrit de souris, de rats d'eau et même de perdrix. Je l'ai vue souvent se

(1) Il y est effectivement. (*Note de l'Editeur*.)

repaître de restes d'oiseaux abandonnés par d'autres rapaces. J'ai même mis à profit cette observation pour lui tendre un piége. Il consiste en un piége à rats avec un petit morceau de drap rouge comme appât. On fixe ce piége en terre dans une localité fréquentée par une buse, ayant soin de répandre tout autour quatre ou cinq poignées de plumes, sur un espace d'un mètre carré environ. Ce sont ces plumes qui de fort loin attirent l'attention de l'oiseau. Le milan se prend également de la même façon.

18. — B. PATTUE (*B. lagopus*, Brünn.).

De passage accidentel dans notre pays. Deux de ces oiseaux seulement ont été pris, à ma connaissance, dans la Haute-Saône, près de l'étang de Vy-le-Ferroux; mais à leur passage de septembre j'en ai observé plusieurs individus dans la vallée de l'Ognon, volant à une grande hauteur.

Quand elle vole, il est facile de la distinguer de la buse commune, au large plastron brun de son ventre et à sa queue presque entièrement blanche.

Tarses et doigts couverts de plumes.

Genre IX. — Bondrée (*Pernis*).

19. — B. COMMUNE (*B. apivorus*, Linn.).

Elle nous arrive à la fin d'avril et repart en septembre. Si elle retrouve son nid de l'année précédente, elle y fait sa ponte; dans le cas contraire, elle en construit un autre dans les environs, avec des rameaux feuillés de hêtre, qu'elle casse à l'extrémité des branches. Ce nid est ordinairement placé aux deux tiers de la hauteur d'un chêne ou d'un hêtre.

Ce qu'il y a de remarquable dans cet oiseau, c'est qu'il nourrit ses petits dans leur premier âge avec des larves de guêpes, de bourdons et d'abeilles. A cette époque, le nid est encombré de rayons où le miel est mélangé avec des larves.

A l'état adulte, sa nourriture consiste en mulots, taupes, souris et insectes.

Le caractère distinctif de la bondrée est d'avoir l'espace compris entre l'œil et le bec couvert de petites plumes très serrées, tandis que dans les autres rapaces il est garni d'un poil rare et contourné.

Genre X. — **Busard** (*Circus*).

20. — B. ORDINAIRE ou harpaye (*C. rufus*, Lath.).

De passage au printemps et à l'automne, mais ne niche pas dans notre pays. Cet oiseau n'est pas commun, et fort heureusement, car c'est un grand destructeur d'oiseaux aquatiques, surtout à l'époque des nichées. Il mange aussi des rats d'eau, des musaraignes et au besoin des grenouilles. Comme tous les busards, il chasse en rasant la surface du sol, explorant le terrain avec autant de soin que peut le faire le meilleur chien d'arrêt.

Son plumage est d'un brun foncé sur les parties supérieures. Tête et cou d'un blanc jaunâtre rayé de taches brunes, ventre et cuisses couleur de rouille, tarses très longs.

Les jeunes sont couleur chocolat, avec la tête et une partie du cou d'un blanc jaunâtre.

21. B. SAINT-MARTIN (*C. cyaneus*, Linn.).

Le Saint-Martin est plus commun que le précédent. Sa manière de chasser est la même, mais il fréquente plus les champs que les marais. Il niche dans les bruyères, dans les hautes herbes et quelquefois dans les blés.

Autrefois on se servait de cet oiseau en Champagne pour chasser les perdrix en hiver, époque où, rassem blées en grandes bandes, elles sont inabordables. On tendait d'abord une quantité de lacets en crin dans les rares buissons des vastes plaines de cette province, puis on parcourait les environs, et quand partait une de ces compagnies de perdrix, on lançait dans cette direction un busard qui, retenu par une ficelle, n'allait pas à plus d'une centaine de mètres. Il suffisait qu'il eût été aperçu par les perdrix pour que toute la bande allât chercher un refuge dans les buissons où la plupart se prenaient dans les collets.

Le mâle a toutes les parties supérieures et la gorge d'un cendré bleuâtre. Parties inférieures blanches.

La femelle a le cou et le dos d'un brun terne. Parties inférieures d'un jaune roussâtre avec de grandes taches longitudinales brunes. Croupion blanc.

22. — B. MONTAGU (*C. cinereus*, Linn.).

Le blanc et le cendré clair étant les couleurs dominantes du Saint-Martin et du Montagu, il est très difficile de ne pas les confondre à une certaine distance.

Tous deux rasent le sol en chassant; mais le Montagu se voit plus souvent sur les marais que sur les terres cultivées, probablement parce qu'il niche dans les premiers.

Il nous arrive dès les premiers jours de mai pour repartir en septembre, différant en cela du Saint-Martin que nous voyons tout l'hiver. Plus un marais est étendu, plus on y voit de couples réunis. En 1840, le marais de Salon en contenait plus de trente paires. Pendant un séjour de cinq années que j'ai fait en Champagne, j'ai tué ou pris au filet (1) au moins qua-

---

(1) Voir pour la façon dont M. Lacordaire pratiquait cette chasse au filet, notre Catalogue, pp. 16-17. (*Note de l'Éditeur.*)

rante de ces oiseaux. Dans ce nombre, je n'ai trouvé qu'une seule variété, mais qui s'est présentée quatre fois et toujours chez le mâle : elle consiste en une belle couleur ardoisée uniforme, sans aucune tache, et cela sur toute la surface du corps.

Je ne l'ai jamais vu s'emparer d'une proie un peu forte, mais j'ai trouvé dans son gésier des débris de jeunes perdrix, de cailles, d'alouettes, d'oiseaux de marais surtout, et des œufs de ces divers oiseaux toujours intacts.

Plus petit que le précédent, toutes les parties supérieures, chez le mâle, sont d'un cendré foncé ; deux bandes noires sur les couvertures des ailes, gorge et poitrine de couleur cendrées ; parties inférieures, flancs et cuisses blancs, mais variés de raies longitudinales d'un beau roux.

La femelle a les parties supérieures brunes et les inférieures jaune clair, avec des bandes d'un roux vif sur le ventre.

B. — Oiseaux de proie nocturnes.

FAMILLE III.

STRIGIDÉS.

GENRE UNIQUE. — **Chouette** (*Strix*).

Première division. — HIBOUX.

23. — H. GRAND-DUC (*S. bubo*, Linn.).

N'est pas rare dans le Doubs. M. Constantin, préparateur à la Faculté des sciences de Besançon, a tous les ans l'occasion d'en monter au moins un.

Il niche dans les trous des rochers les plus escarpés, quelquefois sur les sapins touffus et couverts de mousse.

Sa nourriture consiste en gibier de toute espèce.

J'en ai connu plusieurs nids, et j'y ai toujours trouvé des débris de jeunes renards, de lièvres, putois, fouines, rats et taupes. C'est le soir et le matin qu'il cherche sa proie. Il est armé de serres puissantes, et son bec est un véritable assommoir

Pendant mon séjour en Bourgogne, on m'a raconté le fait suivant. Le curé d'un village, dont j'ai oublié le nom, possédait un grand-duc qu'il avait pris jeune et qu'il tenait enfermé dans un grenier. Un jour, un nommé Gremaux, qui avait avec lui un chien *roquet,* demanda à voir l'oiseau. On monta au grenier, et pendant que ces messieurs regardaient par la porte entr'ouverte, le petit chien entra dans l'intérieur du grenier. Tout à coup le duc se précipita sur lui du haut de son perchoir, et il était assommé à coups de bec avant qu'on ait pu venir à son secours.

24. — H. MOYEN-DUC (*S. otus*, Linn.).

Habite tout le jour les bois d'où il ne sort que le soir pour vaquer à la recherche de sa nourriture, qui consiste en souris, petits oiseaux et insectes. Il niche dans les nids abandonnés de pies et de corneilles. Un jour, j'ai trouvé dans un de ces nids trois jeunes hiboux entourés de plus de cinquante souris et mulots. Ayant enlevé toute cette victuaille, je revins le lendemain, et le nid regorgeait encore de nouvelles victimes. Il est vrai de dire que cette année-là les souris étaient excessivement abondantes.

25. — H. SCOPS (*S. scops*, Linn.).

C'est le plus petit de nos oiseaux de nuit. Il n'est que de passage dans nos départements, tandis qu'il niche dans toute la partie montagneuse de la Côte-d'Or et même dans les environs de Dijon [1]. Il établit son nid particulièrement dans les vieux noyers.

Il arrive dans la Côte-d'Or au commencement de mai pour repartir en septembre. Il est probable qu'il se nourrit de souris, mais plus encore d'insectes, de scarabées en particulier, car on en trouve beaucoup de débris dans les arbres creux qu'il fréquente.

26. — H. BRACHYOTE (*S. brachyotos*, Linn.).

Ce hibou est de passage dans nos départements, où il ne niche qu'en très petit nombre. C'est à terre, dans les hautes herbes des bois marécageux, qu'il établit son nid. Il y a des années où son passage d'automne est très considérable. En 1862, les chasseurs en ont tellement tué qu'un empailleur m'a affirmé en avoir monté dix-huit pendant le mois d'octobre [2].

On le rencontre presque toujours à terre, dans les buissons et les carrières. Quand il en reste en hiver, ils se refugient dans les greniers à foin, où ils contribuent à la destruction des rongeurs.

Deuxième division. — CHOUETTES.

27. — C. EFFRAIE (*S. flammea,* Linn.).

L'effraie est presque un oiseau domestique, car elle ne quitte que la nuit les villes et les villages pour aller dans la campagne chercher sa nourriture. Souvent même, et surtout en hiver, c'est dans les greniers, les granges et les écuries qu'elle nous rend d'immenses services en détruisant dans une nuit plus de rongeurs que ne le feraient dix des meilleurs chats.

---

(1) A Dijon même, dans les promenades du Parc et de l'Arquebuse. Voir notre Catal., p. 19. (*Note de l'Editeur.*)

(2) Cette même année, le passage a été aussi considérable dans la Côte-d'Or. Voir notre Catal., p. 20. (*Note de l'Editeur.*)

J'ai été témoin, en ce genre, de plusieurs faits qui sembleraient exagérés s'ils ne s'expliquaient tout naturellement par les instincts vraiment sanguinaires dont sont doués ces oiseaux. La chouette est, sous ce rapport, tout à fait semblable au loup qui, entré dans une bergerie, ne se lasse point d'égorger. Voilà pourquoi on trouve souvent dans les greniers et dans les colombiers une véritable litière de souris et de rats massacrés par ces oiseaux.

28. — C. HULOTTE (*S. aluco*, Linn.).

C'est la plus grosse chouette de France. Elle n'est pas commune dans nos forêts; on entend cependant quelquefois son cri lugubre pendant le mois de mars, moment de la passe de la bécasse.

Elle habite les grandes forêts, en plaine comme en montagne. Elle niche dans les arbres creux ou dans les vieux nids de pies ou de corneilles. Sa nourriture consiste en rats, souris, oiseaux et grenouilles.

29. — C. CHEVÊCHE (*S. psilodactyla*, Linn.).

Elle habite les pays montueux où se trouvent des carrières abandonnées et surtout de vieux noyers, dans lesquels elle niche. Elle se nourrit de souris et d'insectes.

Dans le Nord, on l'emploie pour la chasse aux alouettes, où elle remplace avantageusement le miroir. Perchée sur une branche, on la fait voltiger quand passe une bande de ces oiseaux, qui fondent sur elles. Le chasseur a alors tout le temps de les tirer au fusil ou de les prendre au filet.

30. — C. TENGMALM (*S. tengmalmi*, Gmel.).

Bien plus rare que la précédente, surtout dans la plaine. On la rencontre assez souvent sur la montagne. du côté de Foncine, où je l'ai vue chez le docteur X***. Elle diffère de la précédente par les tarses et les doigts couverts, jusqu'à la naissance des ongles, d'un duvet très abondant. Son plumage est aussi généralement plus clair et sa taille plus petite.

ORDRE II.

PASSEREAUX.

A. — Passereaux omnivores.

FAMILLE I.

CORVIDÉS.

GENRE I. — **Corbeau** *(Corvus)*.

31. — C. NOIR ou ORDINAIRE (*C. corax*, Linn.).

Habite la haute montagne où il niche. Son apparition dans la plaine est très rare. Je ne l'ai jamais vu qu'une fois planer à une grande hauteur sur les rochers de Montfaucon, près Besançon. Il annonce toujours sa présence par le cri répété de *cro*, *cro*, qui s'entend de fort loin, mais ne ressemble pas à celui de la corneille. Il est rare d'en voir plusieurs paires réunies, à moins qu'elles ne soient attirées par une proie; ce que j'ai pu constater un jour, où j'en ai observé une quinzaine occupées à dévorer un énorme poisson que les vagues avaient jeté sur le sable dans le golfe de Gascogne.

32. — C. CORNEILLE (*C. corone*, Linn.).

Sédentaire en partie. Niche dans nos bois, et fréquente toute l'année nos champs et nos prairies, où elle détruit une immense quantité d'insectes et de larves de toute espèce, surtout celle du hanneton.

En hiver, toute proie lui est bonne, même la charogne.

33. — C. FREUX (*C. frugilegus*, Linn.).

C'est l'espèce qui nous arrive en grandes troupes à l'approche de l'hiver et qui est toujours confondue avec la corneille.

La base du bec, la gorge et le devant du cou sont dénués de plumes. Cela tient à l'habitude qu'a cet oiseau d'enfoncer son bec dans la terre pour en extraire les racines, les vers et les larves. Il est très friand de toute espèce de fruits, et c'est probablement ce genre de nourriture qui rend sa chair supérieure à celle de ses congénères. Les jeunes de l'année n'ont pas le tour du cou dépourvu de plumes.

34. — C. MANTELÉE (*C. cornix*, Linn.).

Habite le nord et vient passer en France une grande partie de l'hiver, mais jamais en grandes bandes.

On prétend qu'elle s'accouple quelquefois avec la corneille. Je crois posséder le fruit de cet accouplement, tué par moi en Bourgogne en 1835 ou 1836.

35. — C. CHOUCAS (*C. monedula*, Linn.).

Niche en montagne et dans les rochers de la citadelle de Besançon. La tour du château de Corcondray en abrite chaque année plusieurs nichées.

Il se nourrit principalement de fruits, graines, insectes, et au besoin de charogne.

35 *bis*. — C. CHOUC (*C. spermolegus*, Vieill.).

J'ai trouvé sur le marché de Besançon, au milieu d'une masse de freux et de choucas, une petite corneille de la taille de ce dernier, dont tout le plumage est d'un noir à reflets violets, mais ne portant aucune trace des petits points blancs qui entourent les yeux du chouc et qui le caractérisent.

Persuadé que ce n'est pas un jeune du choucas, que

je connais parfaitement, j'ai cru devoir le porter provisoirement dans ce Catalogue comme étant un chouc jeune âge (1).

GENRE II. — Chocard (*Pyrrochorax*).

36. — C. DES ALPES (*P. Alpinus.*).

Je n'ai jamais observé cet oiseau; mais M. Brocard l'a vu deux fois près de Besançon, et M. Bourqueney en a tué sur les pâturages avoisinant Chapelle-des-Bois.

Tout le plumage d'un noir brillant avec des reflets verdâtres; bec d'un jaune orange, pieds rouges.

GENRE III. — Pie (*Pica*).

37. — P. ORDINAIRE (*P. caudata*, Linn.).

Très commune partout; elle préfère cependant la plaine à la montagne.

J'ai vu trois variétés de cette espèce. La première, couleur café au lait, tuée par moi en 1827; la seconde, d'un blanc parfait, tuée près de Dijon (2); et la troisième d'un cendré ardoise uniforme.

GENRE IV, — Geai (*Garrulus*).

38. — G. ORDINAIRE (*G. glandarius*, Linn.).

Assez abondant dans nos forêts. Il paraît nicher en plus grande quantité dans le nord, car il y a des années où, comme nombre, son passage est vraiment extraordinaire. Parfois son passage du printemps n'a lieu que dans le courant de mai.

---

(1) Le corbeau chouc, admis dans la première édition de l'Ornithologie européenne du Dr DEGLAND comme excessivement douteux, est une espèce apocryphe à éliminer. Voir la 2e édition de cet ouvrage publiée par le Dr Z. GERBE, Paris, 1867, t. I, p. 196. (*Note de l'Edit.*)

(2) Bien antérieurement avant celle abattue en novembre 1863 entre Plombières et Velars. Voir *Catal. des oiseaux de la Côte-d'Or*, p. 23. (*Note de l'Editeur.*)

Cette espèce offre des variétés d'un blanc pur, les couvertures des ailes ayant conservé leur belle couleur bleue. Ce bleu se montre souvent sur les grandes couvertures des ailes et même sur les plumes de la huppe.

GENRE V. — **Casse-noix** (*Nucifraga*).

39. — C.-N. VULGAIRE (*N. caryocatactes*, Linn.).

C'est un habitant de la haute montagne couverte de sapins. Son apparition dans la plaine est rare et n'a lieu qu'à des intervalles très éloignés.

C'est ordinairement en octobre que nous le voyons, mais jamais en grandes bandes. Sa nourriture consiste en larves, vers et insectes, mais aussi en graines de pins et de hêtres, en noisettes et en baies de différentes espèces.

Tout le plumage couleur de suie, mais varié sur le dos de grandes taches blanches en forme de gouttes; la queue terminée par du blanc.

FAMILLE II.

STURNIDÉS.

GENRE I. — **Etourneau** (*Sturnus*).

40. — E. VULGAIRE (*S. vulgaris*, Linn.).

Très commun à son double passage dans la vallée de l'Ognon. Je ne connais dans nos environs aucune localité où il niche, mais dès la fin de juin il commence à arriver par petites troupes de dix à quinze individus composées uniquement de jeunes. Ces troupes augmentent avec le temps, et dès le mois d'août elles sont innombrables.

C'est dans les grands massifs de roseaux qu'elles viennent s'abattre chaque soir pour y passer la nuit. Souvent les pêcheurs montés sur des barques les approchent d'assez près pour pouvoir en prendre cinquante à soixante d'un coup d'épervier. L'étourneau est un grand destructeur d'insectes et surtout de sauterelles. Il mange aussi toute espèce de graines et des raisins. Il cause même un dommage assez notable dans un vignoble quand il s'y abat en bandes, non par la quantité de grains de raisins qu'il mange, mais parce qu'il en fait tomber six pour en manger un.

Au printemps, les vieux sont noirs avec des reflets éclatants de pourpre et de vert doré.

Les jeunes sont d'un cendré brun sans taches.

Genre II. — Martin (*Pastor*).

41. — M. ROSELIN (*P. roseus,* Linn.).

Ce magnifique oiseau tend à disparaître de nos contrées. Il me semble que dans ma jeunesse son apparition était plus fréquente ; les chasseurs en tuaient assez souvent et l'appelaient *merle rose*. Deux individus ont été tués il y a une quinzaine d'années, près de Vesoul, par M. de Rochoprise. J'en ai trouvé deux sur le marché de Besançon, dont un, avec la livrée du jeune âge, était dans une liasse d'étourneaux.

Les vieux ont une huppe à la tête. Celle-ci, ainsi que le cou et la poitrine, sont noirs avec des reflets violets; dos et parties inférieures d'un beau rose, ailes d'un noir violet.

Les jeunes ont toutes les parties supérieures d'une seule teinte isabelle, et les inférieures d'un brun cendré.

FAMILLE III.

COTINGAS.

Genre unique. — Jaseur (*Bombycilla*).

42. — J. ORDINAIRE (*B. garrula*, Vieill.).

De passage accidentel ou périodique. D'après des

observations souvent renouvelées, cet oiseau ferait son apparition dans notre pays tous les sept ou huit ans, et dans les mois de novembre ou de décembre.

A cette époque on le rencontre à terre cherchant des graines et des insectes, ou sur les buissons d'aubépine dont il mange les fruits.

Une huppe de plumes allongées sur la tête; parties supérieures et inférieures d'un cendré rougeâtre; gorge noire; petites couvertures des ailes noires, terminées de blanc et de jaune, avec un prolongement cartilagineux d'un rouge vif; queue terminée de jaune.

FAMILLE IV.

ORIOLIDÉS.

GENRE UNIQUE. — Loriot (*Oriolus*).

43. — L. JAUNE (*O. galbula*, Linn.).

Très commun autrefois, mais devenant chaque année de plus en plus rare.

J'attribue ce fait à la faculté qu'on avait autrefois de tirer cet oiseau sur les cerisiers. C'était en plein temps de nichée que cette chasse était autorisée, ce qui la rendait d'autant plus destructive. J'en ai ainsi tué moi-même de dix à quinze dans une matinée, et presque tous étaient des vieux qui venaient chercher la nourriture de leurs petits.

Il nous arrive en mai pour repartir en septembre.

Il est très friand de cerises; mais sa nourriture ordinaire consiste en chenilles sans poils, qu'il cherche en se suspendant à la façon des mésanges, sans jamais descendre à terre.

FAMILLE V.

LANIADÉS.

GENRE UNIQUE. — **Pie-grièche** (*Lanius*).

44. — P.-G. GRISE (*L. excubitor*, Linn.).

Nous avons dans notre pays quatre espèces de pies-grièches ; la grise seule est sédentaire. Elle niche dans les bois et passe l'hiver autour de nos habitions. Elle se nourrit de souris, larves, insectes, et quelquefois de petits oiseaux qu'elle prend à tire-d'aile. Si elle capture une proie trop grosse pour être immédiatement dévorée, elle en fixe solidement les restes sur une ronce ou sur un buisson épineux, avec l'intention de les retrouver au besoin. J'ai remarqué plusieurs fois, ainsi piqués aux épines des haies, des débris de souris, de scarabés et de bousiers. Je ne sais si toutes les pies-grièches ont cette habitude, mais j'en suis certain pour cette espèce et pour la suivante.

45. — P.-G. D'ITALIE ou A POITRINE ROSE (*L. minor*, Linn.).

Un peu plus petite que la précédente, mais lui ressemblant beaucoup par le plumage et par les habitudes. Elle n'en diffère que par la teinte d'un rouge rose de sa poitrine et de ses flancs.

Moins commune que la grise, elle nous arrive en mai pour disparaître en septembre.

46. — P.-G. ROUSSE (*L. rufus*, Briss.).

Beaucoup moins rare que la rose. Elle s'éloigne beaucoup moins des habitations, car elle niche souvent dans les vergers et en particulier sur les branches horizontales des pommiers.

Front noir, tête d'un roux ardent, haut du dos et

ailes noires, parties supérieures et couvertures des ailes blanches, queue arrondie.

47. — P.-G. ÉCORCHEUR (*L. collurio*, Linn.).

La plus petite du genre. Elle fréquente habituellement les haies et les buissons où elle niche.

Les quatre espèces ont singulièrement diminué depuis quelques années. Je me souviens d'avoir lu un arrêté autorisant la destruction, en tout temps, des mammifères et des oiseaux nuisibles. Parmi ces derniers figuraient toutes les pies-grièches, et cependant, à l'exception de la première, elles vivent presque uniquement d'insectes ou de petits rongeurs.

Chez le mâle : tête, nuque et haut du dos d'un cendré bleuâtre; moustaches noires; manteau d'un roux marron; queue longue, blanche et noire.

FAMILLE VI.

MUSCICAPIDÉS.

GENRE I. — **Gobe-mouches** (*Muscicapa*).

48. — G.-M. GRIS (*M. Grisola*, Linn.).

Assez commun. Il arrive dans la première quinzaine de mai, et repart en septembre. Il s'éloigne peu des habitations et habite de préférence les vergers, les promenades publiques. Il établit son nid à l'enfourchure des grosses branches.

On le voit souvent immobile sur une branche, attendant le passage des insectes qu'il saisit au vol; il descend rarement à terre.

49. — G.-M. BEC-FIGUE (*M. atricapilla*, Linn.).

Commun à son double passage du printemps et de l'automne. Il se tient le plus souvent perché sur les branches basses des arbustes, d'où il se précipite à terre pour saisir les insectes.

Au printemps, il porte une livrée noire sur les parties supérieures, moins une tache sur le front et une bande sur l'aile, qui sont d'un blanc pur.

50. — G.-M. A COLLIER (*M. albicollis*, Temm.).

Beaucoup plus rare que les précédents, ses apparitions sont quelquefois séparées par des intervalles de plusieurs années. Ceux que je possède m'ont été envoyés de la Haute-Saône, où quatre individus avaient été pris pendant le printemps de 1852.

Il ne diffère du précédent que par un large collier blanc qui entoure le cou et par un miroir blanc sur l'origine des rémiges.

51. — G.-M. ROUGEATRE (*M. parva*, Beckst.).

L'individu qui fait partie de ma collection était conservé sous un globe de verre avec des oiseaux ordinaires du pays. Son possesseur a bien voulu me le céder par voie d'échange.

Cet oiseau est excessivement rare chez nous. Parties supérieures d'un cendré rougeâtre, ailes brunes, queue blanche et noire; devant du cou et poitrine d'un roux vif, flancs rougeâtres.

Un peu plus petit que l'*Albicollis*.

Genre II. — **Traquet** (*Saxicola*).

52. — T. MOTTEUX (*S. œnanthe*, Linn.).

Ce traquet, excessivement abondant il y a quinze ou vingt ans, est devenu relativement rare. Il habite les endroits rocailleux peu éloignés des champs.

Niche dans les amas de pierres et sous les mottes de terre. Il chante en s'élevant à une certaine hauteur, comme le fait le merle de roche, avec lequel il a beaucoup d'habitudes communes.

Son nom vulgaire est *Cul-Blanc*.

53. — T. TARIER (*S. rubetra,* Linn.).

Il aime les prairies humides, où il niche dans des touffes d'herbes très épaisses.

Après la récolte des foins, il fréquente les champs de maïs, les buissons et les jardins. J'ai cru longtemps que les traquets étaient exclusivement insectivores; mais j'ai pu m'assurer, et cela dans mon propre jardin qui n'est séparé que par un mur d'appui d'une vaste prairie, que cette espèce mangeait des baies et entre autres des framboises et des groseilles.

Il est très commun dans la vallée de l'Ognon, où il arrive à la fin d'avril pour repartir en septembre.

54. — T. PATRE (*S. rubicola*, Linn.).

Assez commun sur les coteaux en friches et couverts de buissons, sur lesquels on le voit le plus souvent perché et faisant entendre son *cret-cret.* Niche à terre dans la mousse et sous les petits buissons. Il ne disparaît qu'à la fin d'octobre pour revenir dès le mois de février.

Tête et gorge noirs; côtés du cou, haut des ailes et croupion blancs; dos noirâtre; poitrine d'un roux foncé. Le reste des parties inférieures d'un roux clair ou blanchâtre.

FAMILLE VII.

TURDIDÉS.

Genre I. — **Merle** (*Turdus*).

55. — M. NOIR (*T. merula,* Linn.).

C'est le merle à bec jaune, connu de tout le monde. Le vulgaire veut toujours en faire deux espèces, l'une à bec jaune et l'autre à bec noir. Au sortir du nid, les deux sexes se ressemblent, mais dès la première mue, qui a lieu en septembre, le mâle devient tout noir en même temps que son bec prend une teinte jaunâtre. Ce n'est qu'au mois de mai suivant qu'il devient d'un beau jaune, et que le tour de ses yeux prend la même couleur. La femelle est alors d'un brun de suie, avec le plastron roussâtre et le bec brun.

Il est de passage, mais il nous en reste beaucoup pendant l'hiver.

56. — M. A PLASTRON (*T. torquatus*, Linn.).

Niche dans la montagne. Son passage dans la plaine n'est pas régulier, car on ne l'y voit pas tous les ans.

J'en ai trouvé deux ou trois nids dans les environs de Pontarlier; ils ressemblent à ceux du merle ordinaire, mais ils paraissent plus volumineux à cause de la grande quantité de mousse employée à l'extérieur.

Se nourrit de vers, d'insectes et de baies.

Sa chair est très délicate au mois d'octobre, mais d'une amertume désagréable au printemps, ce qui est probablement dû à la grande quantité de baies de lierre qu'il consomme en hiver.

Il porte sur la poitrine une large plaque ou demi-lune d'un beau blanc.

57. — M. LITORNE (*T. pilaris*, Linn.).

Niche dans le Nord. A la fin d'octobre, elle arrive en grandes bandes dans notre pays, et se répand dans les prairies pour y chercher des vers et des insectes. Quand la gelée commence à se faire sentir, elle gagne les coteaux garnis de buissons d'aubépine et de genevrier, dont les fruits constituent alors sa principale nourriture. C'est alors qu'on en prend une grande quantité au moyen de lacets de crin.

Son nom vulgaire, qui rend assez bien son cri d'appel, est *tia-tia* ou *grinche*.

58. — M. DRAINE (*T. viscivorus*, Linn.).

La draine, tout en étant un oiseau de passage, ne doit pas s'éloigner beaucoup de nos contrées, car on la voit encore au mois de décembre, et dès la fin de janvier elle fait entendre son chant éclatant. C'est le premier de nos oiseaux qui nous annonce le printemps; c'est aussi celui qui niche le plus tôt.

Habite les bois en plaine et en montagne, mais est plus commune dans ces derniers.

59. — M. GRIVE (*T. musicus*, Linn.).

Niche dans nos forêts; est très commune à son double passage. C'est l'espèce du genre qui construit son nid avec le plus d'art. Elle fait entendre, dès les premiers jours de mars, son chant à la fois agréable et varié. Vit comme ses congénères, et fréquente surtout les vignes et les terrains incultes, mais sablonneux.

60. — M. MAUVIS (*T. iliacus*, Linn.).

C'est la petite grive de montagne ou à ailes rouges. Elle niche dans le Nord, d'où elle nous arrive vers la fin d'octobre. Elle habite, plus que la précédente, l'intérieur des forêts. Il est rare de la rencontrer dans les vignes ou dans les endroits découverts. Elle aime les baies et les fruits, et est tout particulièrement friande de ceux de l'alisier.

Elle se distingue du *T. musicus* par sa taille plus petite et par ses flancs, qui, ainsi que le dessous de ses ailes, sont d'un roux ardent.

GENRE II. — **Pétrocincle** (*Petrocincla*).

61. — P. DE ROCHE (*P. saxatilis*, Vigors.).

Ce merle habite les terrains arides et couverts de rochers. On le voit souvent perché sur une éminence, d'où il s'élève à une certaine hauteur pour retomber en planant et en chantant. Il est assez commun aux environs de Besançon et sur les roches de Frotey, près Vesoul.

Ils se nourrit d'insectes et surtout de sauterelles à ailes rouges et bleues.

Le mâle a la tête et le haut du cou d'un bleu de plomb, les ailes d'un brun noirâtre, le dos blanc, les parties inférieures et la queue d'un roux ardent.

La femelle a le dos et la tête d'un brun terne, le cou et la poitrine blanchâtres avec les plumes bordées de gris roussâtre; queue d'un roux clair.

62. — P. BLEU *(P. cyanea,* Linn.).

Quelques couples nichent chaque année sur les rochers de la citadelle de Besançon, sur ceux de la route de Morre et du Bout-du-Monde, près Beure.

Ses habitudes sont les mêmes que celles de l'espèce précédente, mais peut-être place-t-il plus souvent son nid sous des bancs de roches en saillie.

A l'exception des ailes et de la queue qui sont noires, le mâle a tout le plumage d'un beau bleu.

Chez la femelle, ce bleu est mêlé de brun.

Genre III. — Cincle *(Cinclus).*

63. — C. PLONGEUR *(C. aquaticus,* Bechst.).

Il habite tous les petits cours d'eau limpides de la montagne. Assez commun aux environs de Besançon, à Morre, à Beure et sur la Loue. C'est un oiseau très difficile à observer, et malgré ma patience, je n'ai pu y réussir autant que je l'aurais désiré.

Il cherche sa nourriture sous l'eau, comme un autre oiseau le fait à la surface du sol. Il se submerge en marchant, sans efforts et sans battements d'ailes. L'eau se trouble cependant un peu autour de lui, ce qui me fait croire qu'il gratte le sable avec une de ses pattes pour y chercher les insectes, tandis qu'il se maintient à fond avec l'autre. Il ne reste sous l'eau qu'une demi-minute au plus. Ses ongles sont cannelés, ce qui lui permet de se fixer et de gratter.

Il place son nid sur les bords de l'eau, sous les cascades naturelles et même sous l'empellement des moulins. Il est solidement bâti en mousse et recouvert d'un dôme.

Parties supérieures d'un brun foncé; gorge et poitrine d'un blanc pur; ventre roux.

Genre IV. — Rubiette (*Erithacus*).

64. — R. ROSSIGNOL (*E. luscinia*, Lath.).

C'est un oiseau commun et qui le serait davantage encore, s'il n'avait la mauvaise habitude de venir nicher dans les bosquets de nos jardins, où lui et ses petits sont le plus souvent la proie des chats.

65. — R. ROUGE-QUEUE (*E. tithys*, Lath.).

Commence à arriver dès la fin de février et ne nous quitte qu'à la Toussaint. Il n'est pas rare dans les environs de Besançon; il niche même dans l'intérieur de la ville, où il est connu sous le nom de *charbonnier*. Perché sur une cheminée ou sur le sommet d'une roche, il ne cesse de balancer son corps et sa tête, comme s'il saluait les passants.

Il se nourrit d'insectes qu'il prend à terre ou contre les murailles, niche dans les trous des murs ou des rochers.

Le mâle a les parties supérieures d'un cendré foncé, et les inférieures d'un noir profond.

La femelle est cendrée en dessus avec cette même teinte plus claire en dessous; une tache blanche sur les ailes comme le mâle.

65 *bis*. — R. ROUGE-QUEUE GRIS CENDRÉ.

N'ayant trouvé cet oiseau décrit, ni dans le *Manuel* de Temminck, ni dans les autres ouvrages que j'ai pu avoir à ma disposition, je lui donne, en attendant, le nom de rouge-queue gris cendré. Le mâle et la femelle se ressemblent. Les parties supérieures sont d'un cendré terne, et les inférieures d'un cendré plus clair' tournant au blanc jaunâtre dans la région anale; couvertures inférieures d'un roux jaunâtre; pennes de la queue rousses.

Plus commun que le précédent, il a probablement été confondu avec la femelle du *Tithys* à laquelle il ressemble beaucoup, à l'exception de la tache blanche que ce dernier porte sur l'aile. J'ai longtemps partagé cette erreur, avec quelques doutes cependant. Enfin, ayant rencontré ces deux espèces nichant dans la même localité, j'ai fait tout ce qu'il fallait pour me convaincre de l'existence des deux espèces.

En parlant du jeune mâle du *Tithys*, Temminck dit : « Le jeune ressemble à la femelle jusqu'au printemps. »

C'est une erreur : ce *jeune* n'est autre que notre espèce, car le jeune mâle du *Tithys* a son plumage parfait à son passage d'octobre. Sa teinte est seulement plus noir au printemps par suite de l'action de l'air sur les plumes (1).

66. — R. DES MURAILLES (*E. phœnicurus*, Linn.).

Il est beaucoup plus commun que le précédent, dont il diffère sensiblement par les habitudes. Il arrive en avril et mai dans nos contrées, et en repart dès le mois d'août. Il fréquente moins les villages, dans l'intérieur desquels il ne niche pas; il bâtit cependant son nid dans les crevasses des murs de clôture peu éloignés des habitations.

Une large tache blanche sur le front; le reste de la

(1) Il est fâcheux que M. Lacordaire, qui a pu, comme il le dit, observer ces deux espèces vivant et nichant dans la même localité, ne nous ait pas donné plus de détails comparatifs sur ces deux espèces voisines : la nidification, la couleur des œufs, le chant, etc., devant certainement présenter des différences. (*Note de l'Editeur.*)

tête et le haut du dos d'un cendré bleuâtre; gorge noire; parties inférieures d'un roux brillant; queue d'un roux clair.

67. R. ROUGE-GORGE (*E. rubecula*, Lath.).

Bien moins commun qu'autrefois. Il habite l'intérieur des forêts, et ce n'est qu'au moment du passage qu'il se montre autour des habitations. Surpris par le froid, il devient si familier qu'il ne craint pas d'entrer dans les appartements.

C'est, de tous les oiseaux, celui qui le plus souvent a le privilége de servir de père nourricier au coucou. Ceci me remet en mémoire un fait qui prouve combien il a d'attachement pour son nourrisson.

J'aperçus un jour la tête d'un jeune coucou qui sortait d'un trou creusé dans une vieille souche de chêne. Ce trou avait à peine quatre centimètres de diamètre. A l'aide de mon couteau je parvins à l'élargir suffisamment pour pouvoir en entraîner le prisonnier, mais dans quel état! Resserré dans cette étroite prison, ses plumes, qui avaient atteint tout leur développement, étaient recourbées dans tous les sens, de telle façon que le pauvre coucou ressemblait plutôt à un hérisson qu'à un oiseau.

D'après l'état de ses plumes, j'ai pu évaluer à six semaines le temps pendant lequel le rouge-gorge avait dû pourvoir à sa nourriture.

68. — R. GORGE-BLEUE (*E. suecica*, Lath.).

Commune au printemps sur les bords de nos rivières, en automne dans les champs de pommes de terre et de maïs, ainsi que dans les buissons. Elle n'aime pas les fourrés épais, car étant très vive et très agile, elle a besoin d'espace pour courir à l'aise. Cet oiseau m'ayant été demandé à titre d'échange par les marchands naturalistes de Paris, je lui ai fait pendant longtemps une chasse très active. Je le prenais au moyen d'un petit filet en soie appelé Iragnon. Je recommande cet engin aux amateurs, car il permet de prendre, sans les endommager, toutes les petites espèces d'oiseaux. Je peux donc évaluer à plusieurs centaines le chiffre de ceux que j'ai capturés tant sur les bords de nos rivières que sur ceux de la Loire et de la Marne. C'est sur les rives de cette dernière que j'ai pris du même coup de filet le mâle et la femelle de la variété ou race à *miroir roux*. Il ne m'était encore jamais arrivé de la voir, et j'ai chassé depuis pendant quinze ans sans avoir la bonne fortune de la rencontrer de nouveau. Je suis donc autorisé à regarder comme très rare son apparition dans notre pays.

Genre V. — **Rousserolle** (*Calamoherpe*).

69. — R. TURDOIDE (*C. turdoides*, Temm.).

Très commune sur les bords de l'Ognon à cause de la grande quantité de roseaux qui garnissent ses rives. Elle établit son nid au plus épais de ces roseaux, en le suspendant à trois ou quatre tiges de ces plantes, et à deux ou trois pieds au plus de la surface de l'eau. Malgré cette élévation, les crues trop fréquentes des mois de mai et de juin en détruisent une grande quantité.

Au mois de septembre, cet oiseau se charge de graisse comme la caille, et c'est alors un excellent manger.

Son nom vulgaire est *kinkara*, qui rend parfaitement son cri.

Son plumage est d'un brun roussâtre sur les parties supérieures et d'un blanc jaunâtre sur les inférieures.

70. — R. EFFARVATTE (*C. arundinacea*, Briss.).

Plus commune et plus petite que la rousserolle,

elle en a le plumage et les habitudes; son nid est aussi construit de la même manière. Il arrive quelquefois qu'elle se pose sur les branches des buissons de saules qui croissent dans l'eau ou sur ses bords.

On l'appelle *trin-trin* ou petit *kinkara*.

71. — R. AQUATIQUE (*C. aquatica*, Lath.).

Commune à son double passage sur les marais qui avoisinent les bords de la Saône et de l'Ognon. Comme la *phragmite*, elle nous quitte très tard. Lorsqu'on chasse la bécassine aux environs de la Saint-Martin, on la rencontre encore en petites bandes dans les joncs, et elle est alors si grasse, qu'on ne comprend pas que dans cet état elle puisse accomplir sa migration.

Sur la tête, trois bandes d'un blanc jaunâtre; dos teint de roussâtre.

72. — R. PHRAGMITE (*C. phragmitis*, Linn.).

Ressemble beaucoup à la précédente par les habitudes et le plumage. Elle est cependant moins taciturne; car, au printemps, perchée à l'extrémité d'une touffe d'herbe ou d'un petit buisson, elle ne cesse de faire entendre son chant. L'*aquatique*, au contraire, cachée au fond d'un massif d'herbages, ne fait entendre qu'à de rares intervalles un léger gazouillement.

Elle porte seulement deux bandes blanches sur la tête.

Au mois d'octobre 1873, on m'en a apporté une variété entièrement blanche.

73. — R. LOCUSTELLE (*C. locustella*, Lath.).

Plus rare à son passage du printemps qu'à celui de l'automne. On la rencontre en septembre dans les luzernes et dans les trèfles. Elle part alors très difficilement, et son vol est si court qu'à peine a-t-on le temps de la mettre en joue et de tirer. Sans chien on ne la relève pas toujours, car elle court avec la rapidité d'une caille.

Elle niche rarement dans nos marais.

Parties supérieures d'un vert olive avec des taches noires; cou et ventre blancs; quelques petites taches sous la gorge.

GENRE VI. — **Hypolaïs** *(Hypolais)*.

74. — H. ICTÉRINE *(H. icterina,* Vieill.).

Cette espèce ne me paraît pas à sa place dans le genre Pouillot de Temminck (1); car, sauf la couleur du plumage, elle n'a ni les caractères, ni les habitudes des espèces qui le constituent. Elle est d'abord plus grande; son bec est large à la base et fort long; ses ailes sont relativement courtes.

Elle construit son nid sur les buissons, à quatre ou cinq pieds de terre. Son chant est mélodieux et extrêmement varié. Elle le fait entendre, perchée le plus souvent à découvert, sur les rameaux les plus élevés des grands arbres. Rien de tout cela n'a lieu pour les pouillots.

Son séjour parmi nous est fort court, car à la fin de juillet elle a disparu.

Parties supérieures d'un cendré verdâtre; une raie jaune entre l'œil et le bec. Parties inférieures d'un jaune pâle.

On parle d'une nouvelle espèce nommée *Hypolaïs minor*. Je ne l'ai jamais vue.

---

(1) Dans la rédaction de son Catalogue, M. Lacordaire avait suivi la classification de cet auteur. *(Note de l'Editeur.)*

Genre VII. — Fauvette (*Sylvia*).

75. — F. A TÊTE NOIRE (*S. atricapilla*, Lath.).

Nous arrive au mois de mars, et nous reste quelquefois jusqu'à la fin d'octobre. A cette époque, les insectes commençant à lui manquer, elle recherche les baies, et mange même celle du lierre; elle est aussi très friande de prunes. Son chant est des plus agréables.

La femelle diffère du mâle par la tête qui est rousse au lieu d'être noire.

76. — F. DES JARDINS (*S. hortensis*, Bechst.).

De même taille que la précédente, elle habite également les bois et les vergers qu'elle égaie de son chant plus sonore que celui de la *tête noire*. En automne, quand elle a cessé ses chants d'amour, elle fait entendre un cri particulier qu'elle répète des heures entières, et qui consiste en un *cra, cra*, des plus désagréables.

Niche dans les taillis et sur les arbustes de nos jardins. Elle nous quitte plus tôt que la *tête noire*.

Les sexes diffèrent très peu. Le plumage est généralement d'un gris brun en dessus, et roussâtre en dessous; ventre blanc.

77. — S. GRISETTE (*S. cinerea*, Briss.).

Très commune partout. C'est la plus gaie et la plus pétulante de nos fauvettes. Son chant n'est pas mélodieux, mais elle le répète indéfiniment, ou cachée dans l'intérieur d'un buisson, ou perchée à la cime d'un arbre, ou bien encore en s'élevant en l'air à une certaine hauteur.

Son nid n'est pas évasé comme celui de ses congénères; il est plus profond, de sorte que quand elle couve on n'aperçoit que le bout de sa queue. Elle le place dans les buissons, les arbustes et quelquefois dans les champs de navette. Elle nous quitte plus tôt que les autres fauvettes.

78. — F. ORPHÉE (*S. orphea*, Temm.).

C'est la plus grande des fauvettes. Son chant ordinaire n'a rien d'agréable; mais elle a un gazouillement qui, entendu de près, est modulé et très varié.

Elle niche dans les buissons qui croissent au milieu des décombres, ainsi que dans les haies et les taillis, mais non dans l'intérieur des forêts.

Elle vit d'insectes et de baies. Peu commune.

Tête noire; dos gris foncé; gorge blanche; poitrine et flancs d'un rose très clair. Les autres parties inférieures d'un roux clair.

79. — F. BABILLARDE (*S. curruca*, Lath.).

Son chant consiste en un gazouillement peu étendu, mais débité avec une volubilité surprenante et continue. A deux pas de mes fenêtres se trouve un énorme sureau sur lequel, chaque année, je la vois venir, en compagnie des oiseaux de son espèce, prendre sa part des baies dont il est chargé.

Elle niche dans les buissons très épais assez éloignés des habitations.

Tête d'un cendré pur; dos d'un cendré foncé; parties inférieures d'un blanc légèrement roussâtre : le mâle et la femelle.

Genre VIII. — Pouillot (*Phyllopneuste*).

80. — P. FITIS (*P. trochilus*, Linn.).

C'est le plus commun du genre. Il varie beaucoup par la taille, les dimensions du bec, la longueur des pennes de la queue, ainsi que par le plumage dont la couleur change trois fois dans l'espace de dix mois.

Au sortir du nid, il est d'un brun clair uniforme. A

la fin de juillet, époque à laquelle commence sa migration, les parties supérieures sont d'un brun olivâtre. Une bande jaune s'étend du bec au delà de l'œil. La gorge et toutes les parties inférieures, y compris les plumes sous-caudales, sont d'un jaune plus ou moins pur. Au mois de mars, il ne reste de cette couleur que des stries longitudinales sur la gorge et sur les côtés, le reste étant d'un gris blanc. Queue fourchue. Je l'ai toujours vu dans cet état au moment de la reproduction.

Il niche à terre, dans la mousse et les feuilles. Son nid a la forme d'un petit four, ce qui lui a valu le nom de *founo* dans la Haute-Saône. Son chant mélancolique peut se traduire par les syllabes *huit, huit, huit,* répétées six ou sept fois, les premières vivement, les dernières lentement, comme si l'oiseau manquait d'haleine.

81. — P. VÉLOCE (*P. rufa,* Briss.).

Un peu plus petit que le précédent, avec lequel il voyage de compagnie.

Niche dans les bois, sur les revers des fossés garnis de ronces, et là où se trouve une légère dépression. Son nom vulgaire est compteur d'argent ou *chif-chaf,* qui exprime son chant monotone.

Parties supérieures d'un gris brun légèrement olivâtre; une petite bande d'un jaune terne au-dessus des yeux; parties inférieures d'un blanc sale, un peu jaunâtre; pennes de la queue d'égale longueur.

82. — P. SIFFLEUR (*P. sylvicola,* Lath.).

Niche à terre dans les bois de haute futaie. Il fait entendre, en battant des ailes, son chant cadencé.

Même au moment du passage, on ne le voit jamais que dans l'intérieur des forêts.

Parties supérieures d'un vert clair; une bande d'un jaune pur s'étend du bec au-delà de l'œil; gorge et devant du cou d'un beau jaune; le reste du plumage d'un blanc pur; queue un peu fourchue.

83. — P. BONELLI (*P. Bonellii*, Vieill.).
(*Bec-fin Natterer* de Temminck).

Encore plus petit que le véloce. C'est le seul pouillot dont le plumage ne présente aucune tache jaune.

Habite les bois en montagne où il niche à terre. Il est rare dans nos départements. Je ne l'ai observé qu'une seule fois dans les bois qui sont à droite de la percée de la route de Morre à Pontarlier.

Il est commun en Bourgogne, où j'en ai tué plusieurs.

Tête et parties supérieures d'un cendré brun; un large sourcil blanc; toutes les parties inférieures d'un blanc pur et lustré.

Genre IX. — **Troglodyte** (*Troglodytes*).

84. — T. D'EUROPE (*T. europæus*, Vieill.).

Assez commun dans nos contrées, où il niche. On ne saurait préciser l'époque de son passage; car, en hiver comme en été, on le voit autour des habitations. Il place souvent son nid sous l'auvent des maisons couvertes en chaume. J'en ai vu un appliqué contre un chêne couvert de mousse, avec laquelle il se confondait admirablement. On sait que ce nid est en forme de boule, mais ce qui n'a peut-être pas encore été observé, c'est que l'orifice de ce nid a une porte s'ouvrant et se fermant aux trois quarts. Elle est en mousse comme le reste du nid, et fixée à la partie supérieure du trou par des fibres très minces qui permettent à l'oiseau de la soulever à son entrée et à sa sortie. La partie inférieure de l'ouverture est comme pavée de petits morceaux de bois de la grosseur d'une aiguille à tricoter, qui sont là pour empêcher les détériorations que pourrait faire l'oiseau en entrant et en sortant.

Ce charmant petit oiseau a un nom différent dans chaque pays. En Comté, on l'appelle *Roi de Guille*, en Gascogne *Beben-queue*, parce qu'il tient toujours sa queue relevée.

Genre X. — Roitelet (*Regulus*).

85. — R. HUPPÉ (*R. cristatus*, Briss.).

Très commun en montagne, dans les forêts de sapins, où il niche. Son nid en forme de sphère est placé à l'extrémité des branches. Les jeunes, en sortant du nid, n'ont point de huppe; la tête est alors d'un gris uniforme. A la fin d'octobre, il descend dans la plaine où beaucoup séjournent tout l'hiver. Il se tient alors dans les bosquets de sapins et dans les buissons de genévriers. Au mois de mars, il a presque complétement disparu.

86. — R. TRIPLE-BANDEAU (*R. ignicapillus*, Naum.).

Il nous arrive beaucoup plus tôt que le précédent, car dès la fin d'août on le voit apparaître par petites troupes de huit ou dix individus. On le rencontre alors dans les bois, dans les vergers, dans les lieux couverts de buissons; mais son séjour y est de courte durée, car dès la fin de septembre on ne voit plus que quelques retardataires. Je ne prétends cependant pas dire qu'il disparaisse complétement en hiver, mais je puis affirmer que son passage a lieu comme je l'indique. Son retour a lieu à la fin de mars et dans les premiers jours d'avril. Il recherche alors les haies d'épine noire déjà fleuries. Son plumage diffère peu de celui du *R. cristatus*. Trois bandes longitudinales sur les côtés de la tête, deux blanches et une noire; sur le sommet de la tête, des plumes longues et effilées, couleur de feu très éclatant, entourées de quelques plumes jaunes et noires ; les parties supérieures d'un vert olivâtre, les côtés du cou jaune doré.

GENRE XI. — **Accenteur** (*Accentor*).

87. — A. DES ALPES (*A. alpinus*, Bechst.).

Au mois de novembre 1844, le lendemain d'une petite neige, me trouvant derrière la citadelle de Besançon, j'en vis une petite troupe composée d'une quinzaine d'individus. Ils n'étaient pas sauvages, car je pus en tuer cinq sans effrayer beaucoup le reste de la bande. Depuis, j'ai visité bien souvent cette localité, et c'est à peine si j'ai pu en revoir quatre ou cinq, et isolément.

On dit qu'il niche en Suisse sur les montagnes les plus élevées.

Tête, poitrine et cou d'un gris cendré ; de grandes taches brunes sur le dos ; ventre et flancs d'un roussâtre mêlé de blanc.

88. — A. MOUCHET (*A. modularis*, G. Cuv.).

Cet oiseau est assez commun, mais on ne le voit jamais en troupe. Il niche dans les taillis, sur les petits buissons, à deux ou trois pieds au-dessus de terre. Son nid, très bien fait et surtout très solide, est bâti en mousse, au dedans comme au dehors, et cette mousse est tellement pressée, qu'elle forme une masse résistante et très dure.

Il vit d'insectes et de graines. Il avale ces dernières sans les briser, même celles de chenevis. Son chant est agréable, mais peu soutenu. Il part en octobre ; quelques individus seulement passent l'hiver parmi nous.

Tête cendrée, avec des taches brunes ; devant des parties inférieures d'un cendré bleuâtre ; parties supérieures noirâtres, bordées de roux.

FAMILLE VIII.

MOTACILLIDÉS.

Genre I. — **Bergeronnette** (*Motacilla*).

89. — B. GRISE (*M. alba*, Linn.).

Très commune dans notre pays à son double passage, mais y nichant en petit nombre. On en trouve quelques nids ordinairement placés sur le bord des rivières, sous les terrains minés par les eaux. En Alsace, elle niche sous les avant-toits des maisons isolées.

L'été, elle porte un large plastron noir sous la gorge et sur le devant du cou; en automne, la gorge est blanche.

90. — B. JAUNE (*M. boarula*, Gmel.).

La boarule habite les mêmes localités que le cincle. Il lui faut, comme à ce dernier, des eaux courantes et limpides. On ne la voit jamais en bandes, mais toujours par paires, ou bien isolée. Pendant les froids rigoureux, on la rencontre sur le bord des fontaines.

Le hausse-col noir que le mâle porte au printemps, est un attribut qui n'appartient qu'aux individus de deux à trois ans. Les plus jeunes n'ont que quelques plumes noires à la gorge. Souvent, dès le mois de janvier, cette tache est déjà complète, mais alors chaque plume est liserée de blanc.

91. — B. PRINTANIÈRE (*M. flava*, Linn.).

Très commune dans toutes les prairies, c'est là qu'elle établit son nid. A l'époque du passage, elle se rassemble en bandes nombreuses et s'abat au milieu des troupeaux. Le vert olivâtre et le jaune dominent dans le plumage de cette espèce. La tête et la nuque sont d'un cendré bleuâtre. Une tache blanche passe au-dessus des yeux.

Les auteurs italiens indiquent, comme espèces, deux bergeronnettes que je possède dans ma collection. L'une a été tuée près de Châlons-sur-Marne, et l'autre près de Besançon. En voici la description :

1° *Cutti capo cerino. Motacilla cinereo capite.* Tête plombée, sans aucune bande sourcilière, gorge blanche ; le reste comme chez la précédente.

2° *Cutti capo-negro. Motacilla melano capite.* Tête noire sans bande sourcilière, gorge jaune ; le reste comme dans l'espèce précédente.

Les mêmes auteurs donnent la description des jeunes des deux espèces.

C'est isolément que je les ai rencontrées.

Genre II. — **Pipit** (*Anthus*).

92. — P. RICHARD (*A. Richardi*, Vieill.).

J'ai longtemps cherché cet oiseau dans nos départements, et ce n'est qu'au mois d'octobre 1868 que j'en ai rencontré une petite troupe composée de douze à quinze individus, dont quatre ont été tués. Je crois ce passage accidentel, car depuis je n'en ai pas revu un seul. Ils n'étaient pas sauvages et se perchaient toujours à découvert sur les mottes. Leur cri de rappel est très fort et ressemble à celui de la rousseline. C'est la plus grande espèce du genre. Ongle du pouce très long.

93. — P. SPIONCELLE (*A. spinoletta*, Linn.).

De passage au printemps et en automne le long des rivières et des ruisseaux. Au mois de mars, il commence à prendre une livrée qui diffère beaucoup de celle qu'il portait en hiver ; au mois d'avril, il a toutes les parties inférieures, de la gorge à la queue, d'une belle teinte rose chamois sans tache, si la mue est complète.

J'ai trouvé son nid sur le mont Rose, où il n'y a plus qu'une maigre végétation.

94. — P. DES ARBRES (*A. arboreus*, Bechst.).

C'est le *bec-figue* ou la *vinette* des chasseurs et des gourmets. Il niche chez nous dans les bruyères voisines des bois. A ce moment, il chante perché à la cime d'un arbre, ou bien en s'élevant en l'air. Son départ a lieu en septembre; il est alors très gras. Il nous revient en avril. Sa nourriture se compose d'insectes et de petites graines dont il ne brise pas les enveloppes.

95. — P. ROUSSELINE (*A. campestris*, Bechst.).

Il n'est pas rare, mais ne niche pas chez nous. Il se tient ordinairement dans les pâturages ou dans les friches couvertes de petits buissons. Il chante en s'élevant à une grande hauteur comme l'alouette lulu, mais il ne se perche pas. Il court avec une grande rapidité. Son passage a lieu en avril et en septembre.

Le gris isabelle est la couleur dominante du plumage de cet oiseau. Une large bande blanche au-dessus des yeux.

96. — P. DES PRÉS ou FARLOUSE (*A. pratensis*, Linn.).

Niche plus avant dans le Nord que les précédents. Il effectue son passage en même temps que l'alouette, mais il préfère les prairies humides aux champs cultivés. — C'est le *fifi* des chasseurs.

Il est plus petit que le P. des arbres, et son plumage est plus lavé d'olivâtre.

C. — *Passereaux granivores ou conirostres.*

FAMILLE IX.

ALAUDIDÉS.

GENRE UNIQUE. — **Alouette** (*Alauda*).

97. — A. COMMUNE (*A. arvensis,* Linn.).

C'est là peut-être l'oiseau le plus commun que nous ayons, et malgré l'énorme destruction qu'on en fait, l'espèce ne paraît pas diminuer d'une manière sensible. Ce n'est pas dans les départements de l'Est qu'on en tue beaucoup, puisqu'il est défendu de le chasser autrement qu'au fusil. Mais dans l'Ouest et sur les bords de l'Océan, on autorise un mode de chasse qui ne peut manquer, avec le temps, d'amener sa disparition complète. Cette chasse se fait au moyen d'un petit lacet composé d'un seul crin, tendu par millions en hiver, dans les plaines de la Beauce en particulier. J'ai vu, il y a quelques années, un rapport émanant des maires des communes de Vouvray, Pocé et Saint-Ouen, qui évaluait à trente mille douzaines le nombre de ces oiseaux pris pendant un hiver sur le territoire de ces trois communes.

Je possède deux variétés de cette espèce : l'une noire, et l'autre isabelle.

98. — A. ALPESTRE (*A. alpestris*, Linn.).

Alouette à hausse-col noir.

Je ne l'ai jamais rencontrée dans nos pays, mais je sais que plusieurs sujets ont été vus dans la Haute-Saône, et que M. Brocard en a tué une à Dampierre-lez-Montbozon, en 1864. Le nom d'*alpestris* ne me paraît pas convenir à cet oiseau, car il n'habite pas les Alpes, n'y étant pas même de passage ; du moins je ne l'ai pas vu signalé dans la *Faune des Alpes*, où l'ornithologie est traitée avec soin. Les auteurs disent qu'il niche dans les dunes de sable près de la mer, et qu'il se répand pendant l'hiver aux environs des villages.

Le plumage de cette espèce est assez varié. Gorge, sourcils et derrière des yeux d'un jaune clair; moustaches et plastron sur le haut de la poitrine d'un noir profond. Parties supérieures et côtés de la poitrine d'un cendré rougeatre. Pieds noirs.

99. — A. COCHEVIS (*A. cristata*, Linn.).

Rare dans nos départements et très commune en Champagne, ainsi qu'aux environs de Paris. Elle se tient habituellement sur les routes où elle cherche sa nourriture dans le crottin de cheval. Elle niche à terre comme l'alouette ordinaire, mais elle se perche souvent sur les poteaux et les barrières. Elevée en cage, on peut lui apprendre plusieurs airs.

Elle porte sur la tête une huppe de plumes allongées et acuminées.

100. — A. LULU (*A. arborea*, Linn.).

Niche dans les friches et dans les clairières des bois rapprochés des champs. C'est un musicien des plus matineux. Bien avant l'aurore, il se perche à la cime d'un arbre et fait entendre son chant, qu'il continue, contrairement aux habitudes des autres oiseaux, longtemps après la saison des amours. Je ne connais pas d'oiseau qui évite aussi habilement un coup de filet, et qui fasse dans ce cas aussi bien *cheminée*.

C'est au mois d'octobre qu'il effectue son passage de départ, pour revenir en mars. Son nom vulgaire est *mauviette*, et l'on sait qu'une brochette de mauviettes n'est pas à dédaigner.

101. — A. CALANDRELLE (*A. brachydactyla*, Leisl.).

C'est la plus petite de nos alouettes. Elle est très accidentellement de passage dans la Haute-Saône, où je l'ai vue deux ou trois fois sur la route de Gray à Champlitte. Elle est très commune en Champagne, et dans les environs de Dijon où elle niche (1).

Toutes les parties supérieures d'un beau roux isabelle; gorge blanche avec deux ou trois points bruns de chaque côté du cou; poitrine et flancs d'un roux clair. Queue noire dans son milieu, et d'un roux clair sur les bords. Doigts très courts.

FAMILLE X.

PARIDÉS.

GENRE UNIQUE. — **Mésange** (*Parus*).

102. — M. CHARBONNIÈRE (*P. major*, Linn.).

Tous les oiseaux qui composent ce genre devraient être protégés à l'égal des animaux les plus utiles. Leur prodigieuse activité est uniquement employée à la recherche des chenilles et de leurs œufs. C'est au moyen de leur bec robuste qu'ils détruisent en deux minutes ce nid qu'on appelle *bague*, dont le nombre d'œufs peut être évalué à trois ou quatre cents, et qui échappe presque toujours à la vue de l'homme. Ils mangent aussi du chènevis, et même des noisettes et des faines, dont ils percent l'enveloppe pour en atteindre l'amande. Pour y parvenir, l'oiseau saisit le fruit avec ses pattes, et à grands coups de bec pratique l'ouverture nécessaire.

La M. charbonnière est la plus grande du genre; elle est très commune. Presque toute l'année on en

(1) Voir notre Catal., p. 101. (*Note de l'Editeur.*)

voit dans nos vergers, mais elle habite surtout les bois. Elle niche dans les trous des arbres.

103. — M. NOIRE (*P. ater*, Linn.).

Moins commune que la précédente, elle habite en montagne dans les bois de sapins, qu'elle ne quitte qu'à la fin d'octobre pour descendre dans la plaine; elle se répand alors dans les vergers et dans les jardins, en préférant ceux où se trouvent des arbres verts.

104. — M. BLEUE (*P. cæruleus*, Linn.).

Un peu plus petite que la précédente, et beaucoup plus commune, elle habite les forêts de hêtres et de chênes, et aussi les vergers; niche dans les trous des arbres et des vieux murs.

En octobre, elle passe par petites bandes, fréquentant alors les bords des rivières garnis de roseaux, dont elle mange les graines. Il m'est arrivé de la prendre de loin pour la mésange à moustaches.

105. — M. HUPPÉE (*P. cristatus*, Linn.).

Assez commune dans les forêts de sapins des montagnes du Doubs, où elle niche. Lorsque la neige y devient trop abondante, elle descend dans la plaine et s'approche des habitations : aussi ne la voyons-nous pas tous les ans.

J'ai dans mon jardin des pieds de tournesol dont on ne récolte jamais la graine. Toutes les mésanges en sont très friandes, et la huppée en particulier.

Je l'ai vue souvent dans les grands bois de pins maritimes du département des Landes et de la Gironde. Elle niche dans les trous des arbres, et surtout dans ceux abandonnés par les pies.

106. — M. NONNETTE (*P. palustris*, Linn.).

Un peu plus petite encore que la huppée, elle n'est pas commune, ou du moins ne se montre jamais en troupes comme ses congénères. Son nom de *palustris* ne veut pas dire qu'elle habite uniquement les marais; mais pendant les nichées, elle fréquente ordinairement les bois humides où dominent le tremble et le saule marceau.

Elle est très friande de chènevis, et on la voit très souvent quitter les bois pendant le mois de septembre pour venir se régaler de cette graine. Elle niche dans les trous des vieux trembles. Je n'ai jamais trouvé plus de six œufs dans son nid.

107. — M. A LONGUE QUEUE (*P. caudatus*, Linn.).

Cette jolie mésange est commune partout. A son passage d'automne, elle voyage par familles de douze à quinze individus. A son retour en mars, elle est déjà appariée. Son nid en forme de boule est toujours construit avec de la mousse de la même espèce que celle qui couvre l'arbre sur lequel elle le construit. C'est contre le tronc ou sur une branche horizontale qu'elle l'établit, tantôt à une grande hauteur, tantôt à quelques mètres du sol. L'intérieur est garni de plume et de crin.

108. — M. MOUSTACHE (*P. biarmicus*, Linn.).

Très rare. — Le musée d'histoire naturelle de Besançon possède un mâle et une femelle de cette espèce, tués en 1854 dans un jardin à Baume-les-Dames.

Très commune en Hollande. — Niche dans les marais couverts d'herbes et de joncs.

FAMILLE XI.

FRINGILLIDÉS.

GENRE I. — **Bruant** (*Emberiza*).

Première division. — UN TUBERCULE OSSEUX AU PALAIS.

109. — B. JAUNE (*E. citrinella*, Linn.). — Vulg. *Verdière.*

Excessivement commun autrefois et nichant partout. Aujourd'hui ce n'est qu'en hiver, quand la campagne est couverte de neige, qu'il vient par petites troupes chercher sa nourriture sur les routes et dans l'intérieur des villages. On ne sait à quelle cause attribuer cette diminution.

110. — B. ZIZI (*E. cirlus*, Linn.).

Il n'a jamais été aussi commun que le précédent. Quelques couples nichent aux environs du village que j'habite. L'un d'eux vient tous les ans s'établir dans un lierre couvrant une maison située à cent mètres de la mienne. Cet oiseau arrive à la fin de mars et repart en octobre. Niche aussi dans les environs de Besançon.

111. — B. ORTOLAN (*E. hortulana*, Linn.).

De passage régulier dans la vallée de l'Ognon en septembre et en mai, et toujours par petites bandes de sept ou huit individus. Après le 15 mai, on n'en voit plus. Il en reste quelques paires dans les vignobles de Besançon et de Pouilley, car j'en ai vu en juin dans ces localités. Ils font entendre leur chant, perchés sur les échalas.

Pris au filet et nourri dans une chambre à demi obscure, l'ortolan s'engraisse au point de perdre toutes ses plumes. Il est probable que si on ne le tuait pas, il mourrait de *gras fondu*. On en fait un grand commerce à Dax et à Bayonne.

112. — B. DES ROSEAUX (*E. schœnicula*, Linn.).

Très commun en toute saison sur les bords de l'Ognon, où il est pendant l'hiver le compagnon du pipit spioncelle. On le voit mangeant les graines de roseaux, qui seules constituent alors sa nourriture. Il niche au milieu des débris de joncs entassés par les grandes eaux contre les racines et les branches des buissons de saules.

Il émigre comme les autres espèces, mais il en reste beaucoup.

113. — B. PROYER (*E. miliaria*, Linn.).

Commun en été dans toutes les prairies, où il niche. En septembre il fréquente les champs où l'on a récolté de l'avoine. C'est à ce moment qu'il se réunit en grandes bandes avant de se mettre en voyage pour l'Afrique où il passe, dit-on, l'hiver en quantité considérable.

Il fait entendre son chant, perché à la cime des arbres ou à la partie supérieure des buissons.

Il place son nid dans une touffe d'herbes, mais sans qu'il touche la terre. J'y ai trouvé une fois un œuf de coucou.

114. — B. FOU ou DE PRÉ (*E. cia*, Linn.).

Assez rare à son passage d'automne. Il niche dans les rochers de la citadelle de Besançon et dans ceux de la route de Morre. Il est même commun dans ces localités au moment de la nichée.

Deuxième division. — PAS DE TUBERCULE OSSEUX AU PALAIS.

115. — B. DE NEIGE (*E. nivalis*, Linn.).

J'en ai vu un mâle en livrée parfaite d'été dans l'ancien cabinet de la ville de Besançon, mais sa provenance m'est inconnue. Il y a quelques années, on en a tué un jeune près du fort Bregille.

C'est un oiseau rare dans nos départements.

116. — B. RUSTIQUE (*E. rustica*, Pall.).

Je ne l'ai observé et tué qu'une seule fois ; c'était en avril 1868, à Burgille-lez-Marnay.

Cet oiseau se trouvait, en compagnie de quelques bruants des roseaux, sur le bord d'un petit ruisseau garni d'oseraies. Il y avait peut-être dans la bande un ou deux autres oiseaux de son espèce, mais je n'ai pas eu le temps de m'en assurer, chassant en plaine et étant par conséquent en contravention.

Je possède un petit bruant qui m'a été donné par M. Faivre de Bussez, grand chasseur au filet, mais médiocre empailleur. Je ne crois pas que ce soit une de nos espèces connues.

J'en donne la description pour le cas où un sujet semblable aurait été déjà vu ou décrit.

La tête, le cou, la gorge et les parties supérieures d'un rouge de brique; ailes et queue brunes; toutes les parties inférieures d'un jaune clair.

Comme il a été monté sur mannequin, on ne peut préciser sa longueur; mais il paraît plus petit que le bruant des roseaux. Il avait été pris au filet en compagnie de cet oiseau.

GENRE II. — Bec-Croisé (*Loxia*).

117. — B.-C. COMMUN (*L. curvirostra*, Linn.).

Il n'est pas de passage régulier dans la partie basse du département du Doubs; on ne l'y voit même qu'à de rares intervalles, tandis qu'il est sédentaire en montagne.

J'en ai tué de jeunes au mois de juillet 1850, mais je n'ai jamais pu trouver le nid de cet oiseau. Ces jeunes étaient d'un gris brun, tandis que les vieux mâles sont d'un rouge plus ou moins foncé, et les femelles d'un cendré verdâtre ou jaunâtre. Il s'habitue très bien à la captivité et devient très familier. Moi-même j'en ai gardé une paire en cage pendant plusieurs années. Quand on leur donnait une pomme de moyenne grosseur, ils la fixaient dans un coin de la cage en la tenant avec une patte et avec le bec, et y pratiquaient une ouverture longitudinale jusqu'au centre, pour pouvoir en extraire les pepins. Ils ouvraient aussi les noix avec beaucoup d'habileté.

Genre III. — Bouvreuil (*Pyrrhula*).

118. — B. COMMUN (*P. vulgaris*, Briss.).

Il niche dans nos forêts, sur les arbres de moyenne grosseur et souvent sur les petites pousses qui sortent des troncs. Il passe au mois d'octobre, mais il en reste en hiver. Pris jeune, et *seriné*, il a un chant très agréable. J'en ai entendu un, chez un serrurier à Chanceaux (Côte-d'Or), dont le sifflement imitait à s'y méprendre celui de l'homme. Il répétait plusieurs airs.

On rencontre quelquefois une variété de très forte taille. J'en possède un exemplaire, et M. Belin, de Dijon, en a deux (1). Les variétés noires se rencontrent chez des individus élevés en captivité ; une nourriture uniquement composée de chènevis en est, croit-on, la cause.

Le nom vulgaire du bouvreuil est *camus*.

Genre IV. — Gros-Bec (*Fringilla*).

119. — G.-B. ORDINAIRE (*F. coccothraustes*, Linn.).

Il devient rare dans nos contrées. Il n'y niche plus, et c'est à peine si l'on en voit quelques individus au passage d'automne. Je crois que la chasse *au cerisier* leur a été aussi funeste qu'aux loriots.

C'est un bel oiseau, qui se prive facilement et qui est doué d'une certaine dose d'intelligence. J'en ai gardé un, qui avait été pris au nid, pendant plus de trois ans, et jamais il n'est entré dans une cage. Je l'avais habitué à se tenir perché au-dessus d'une porte dans ma salle à manger. Il était installé là, entre deux petits vases contenant l'eau et la nourriture, et

---

(1) Voir notre Catal., p. 45. (*Note de l'Editeur.*)

il ne quittait ce poste qu'à l'heure des repas. Il descendait alors sur la table, et là il attendait patiemment le dessert pour avoir les pepins de pommes et de poires; cela fait, il regagnait son perchoir. Jamais il n'a cherché à s'échapper.

Dans le temps des nichées, les vieux apportent d'énormes chenilles à leurs petits. J'en ai vu un ayant dans son bec la grosse chenille du sphinx tête de mort.

120. — G.-B. VERDIER (*F. chloris*, Linn.).

Encore un gros-bec qui disparait! Depuis six ans environ, je n'en ai pas aperçu un seul sur le territoire de Burgille, où il était excessivement commun il y a une quinzaine d'années. Le ruisseau qui serpente à travers la prairie de Burgille, pendant deux kilomètres, est bordé d'une grande quantité de vieux saules et de peupliers. C'est sur ces arbres que le verdier nichait en quantité; aujourd'hui il n'y en a plus un seul nid. J'en possède une fort curieuse variété, prise au filet en 1843. Elle est d'un tiers plus grosse que le type ordinaire, et entièrement de couleur isabelle, lavée de jaune; les grandes couvertures des ailes sont blanches; le bec et les pattes étaient blancs, mais ils ont bruni depuis le montage.

Le verdier ne se nourrit d'insectes à aucune époque de sa vie.

121. — G.-B. SOULCIE (*F. petronia*, Linn.).

Je ne crois pas que cet oiseau niche dans nos départements; il n'y est même que de passage irrégulier. Je l'ai trouvé dans l'arrière-côte de Bourgogne, aux environs de Reulle, Vergy et Meuilley, etc., où il nichait dans les trous des vieux noyers. Les chasseurs le reconnaîtront immédiatement à la tache d'un jaune vif et du diamètre d'une pièce de 50 centimes qu'il porte sur le devant du cou. Le reste du plumage est d'un cendré foncé en dessus, et clair en dessous.

122. — G.-B. MOINEAU (*F. domestica*, Linn.).

Commun partout, dans les villes comme dans les villages. Il niche dans les trous des murailles, rarement dans ceux des arbres. Souvent il place son nid sur les branches élevées ; c'est une grosse boule garnie de plumes à l'intérieur.

Comme nourriture, tout lui est bon. J'en ai vu un qui, sans moi, détruisait entièrement une couvée de mésanges à longue queue. Il avait jeté à terre une partie du nid avec deux petits, et il en emportait un troisième quand je me décidai à lui envoyer un coup de fusil. C'est un oiseau sédentaire.

123. — G.-B. FRIQUET (*F. montana*, Linn.).

Cette espèce diminue aussi d'une manière sensible. C'est un oiseau d'une pétulance et d'une vivacité extrêmes. J'ai vu en couvrir cinquante d'un coup de filet, et le chasseur être très heureux d'en attraper la moitié.

Il habite peu les villes; mais j'ai vu le temps où il n'y avait pas une vieille église de campagne, ni un colombier couvert en lave, qui n'en abritât une multitude de nids. Il ne fréquente les bois que pour venir y passer la nuit, mais il n'y niche pas. — Il est de passage. — Les chasseurs au filet l'appellent *fiafia*.

124. — G.-B. SERIN ou CINI (*F. serinus*, Linn.).

Il n'est pas très commun. C'est dans nos jardins et nos promenades publiques qu'il vient passer la belle saison. Il niche tantôt sur les grands arbres, tantôt sur les arbustes. On le voit assez fréquemment dans la ville et dans les environs de Besançon. Il s'élève à une certaine hauteur en chantant et en battant des ailes comme une chauve-souris.

Il se nourrit de graines de colza, de navette, etc., et jamais d'insectes.

125. — G.-B. PINSON (*F. cœlebs*, Linn.).

C'est celui de nos fringilles qui diminue le moins. Il est encore commun dans nos jardins et nos vergers, mais on n'en voit plus de ces innombrables bandes qui couvraient des kilomètres de champs à son passage d'octobre.

Il se nourrit indistinctement de graines et d'insectes.

126. — G.-B. D'ARDENNES (*F. montifringilla*, Linn.).

De passage à peu près régulier en mars et en octobre. Il y a cependant des années où l'on en voit fort peu, et d'autres où il couvre nos champs de ses vols nombreux.

Il niche dans le Nord.

Pour avoir le mâle en beau plumage, il faut le prendre au mois de mars, le mettre dans une grande volière en plein air, et le monter au mois de juillet. A cette époque, les bordures grises des plumes de la tête et du dos ayant disparu, toutes ces parties sont d'un noir brillant.

127. — G.-B. LINOTTE (*F. cannabina*, Linn.).

Répandu partout. Les grandes bandes qui passent chez nous en automne et dont quelques-unes séjournent tout l'hiver, n'ont pas encore diminué d'une manière sensible, mais cela commence.

On sait maintenant qu'il n'y a qu'une seule espèce de linotte, dont le mâle a la poitrine rouge lie de vin en hiver, et d'un rouge plus vif et plus étendu en été. Cette coloration est due à l'usure de l'extrémité des plumes et à l'action de l'air.

La nourriture de cette espèce se compose de graines et jamais d'insectes.

128. — G.-B. GORGE-ROUGE ou DE MONTAGNE (*F. flavirostris*, Linn.).

C'est un oiseau du Nord, dont le passage en France n'est pas régulier. J'en vis pour la dernière fois au mois de novembre 1869. Il y en avait une dizaine perchés sur un buisson de saules au milieu de la prairie de Burgille. S'ils ne s'étaient laissé approcher à dix pas, j'aurais pu les prendre pour des linottes auxquelles ils ressemblent beaucoup.

Ils s'en distinguent par leur bec triangulaire, de couleur jaune, par leur queue plus longue et leur croupion rouge.

129. — G.-B. VENTURON (*F. citrinella*, Linn.).

Habite les montagnes couvertes de sapins. Je l'ai observé en été dans les environs de la Chapelle-des-Bois, où il niche en compagnie du tarin. Il construit son nid dans les sapinières peu élevées, tandis que celui du tarin est placé à l'extrémité des branches des sapins. Il se nourrit des graines de plantes alpestres. Descend rarement dans la plaine.

130. — G.-B. SIZERIN (*F. linaria*, Linn.).

Le sizerin (*cabaret* de Buffon) est un oiseau de passage qui nous vient du Nord. Ses habitudes ont beaucoup d'analogie avec celles du tarin. On le trouve souvent dans les bois où croissent les bouleaux. Il est aussi friand des semences de cet arbre que de celles de l'aulne.

Son passage chez nous n'est pas toujours annuel.

Je ne connais pas d'oiseau plus facile à prendre au filet.

Tête et poitrine rouges chez le mâle, et rousses chez la femelle.

131. — G.-B. BORÉAL (*F. borealis*, Linn.).

Il ressemble au précédent, mais il est un peu plus

grand. Son plumage est généralement plus clair, et le rouge de la tête et des parties inférieures plus rose et plus étendu.

C'est aussi un oiseau du Nord, dont les apparitions sont très accidentelles. Je crois qu'il fréquente moins les arbres que le *linaria*.

132. — G.-B. TARIN (*F. spinus*, Linn.).

Cet oiseau était, il y a peu d'années, très commun à son double passage, sur les bords des rivières bordées d'aulnes, dont il venait en bandes manger les graines, et au printemps dans nos jardins où il recherchait celles du mouron et du seneçon. Aujourd'hui, on n'en voit presque plus.

Il niche sur les grands sapins des montagnes du Doubs. Je n'ai jamais pu en atteindre un seul nid, mais j'ai tué plusieurs jeunes.

Avant la première mue, il ressemble à la femelle; mais après la seconde, le jeune mâle a son plumage d'adulte, moins la tache noire de la gorge qui ne paraît qu'à la troisième mue.

133. — G.-B. CHARDONNERET (*F. carduelis*, Linn.).

Ce charmant oiseau est encore assez abondant et nous fait toujours le plaisir de venir chaque printemps nicher dans nos jardins, faire entendre sa petite chansonnette et manger nos graines de salade. Tous les ans je suis bien partagé sous ce rapport. Six nichées ont encore réussi cette année sur mes arbres fruitiers, grâce à une surveillance constante et à la guerre active que moi et mon chien avons organisée contre la race féline.

J'en possède une variété d'un beau blanc, avec une tache jaune sur chaque aile et quelques plumes rouges autour du bec.

D. — Passereaux zygodactyles.

FAMILLE XII.

PICIDÉS.

GENRE I. — Pic (*Picus*).

134. — P. NOIR (*P. martius*, Linn.).

Habite les grandes forêts de sapins, en montagne. Il n'est pas commun; cependant j'ai rarement parcouru les environs de Pontarlier sans le voir ou l'entendre. Dans une auberge de Mouthe, on m'a assuré que les chasseurs qui tendent à terre des lacets aux grives en prenaient souvent; ce qui me ferait croire que, comme le pic vert, cet oiseau cherche sa nourriture autant à terre que sur les arbres.

Tout le genre Pic est accusé par les propriétaires de bois, et même par les forestiers, de causer un notable dommage en perforant les arbres. C'est une erreur; ce qui n'est pas difficile à prouver. Jamais le pic n'attaque un arbre sain. S'il veut creuser son nid, il sait d'avance que l'arbre qu'il a choisi est creux à l'intérieur, et que pour arriver à ce vide, il n'a que l'aubier à perforer, c'est-à-dire trois ou quatre pouces au plus, suivant la grosseur de l'arbre. Cela fait, il trouve le vide ou la partie tarée, et n'a plus qu'à extraire les détritus qui le gênent pour qu'il puisse y déposer ses œufs.

S'il cherche sa nourriture, ce n'est que sous l'écorce ou dans le bois pourri qu'il va atteindre les larves au fond de leurs trous. Il les pique au moyen de sa langue acérée, qui, comme on le sait, a la faculté de pouvoir s'allonger extraordinairement.

Le cri du pic noir ressemble à celui du pic vert; il en diffère cependant en ce qu'il se rapproche de celui de la cresserelle.

Il y a peu de personnes qui n'aient entendu dans les forêts un certain bruit très fort et très-sonore que l'on peut rendre par *re*, *re*, *re*, *re*, *re*, *re*, *re*, *re*, rapidement exécuté. Je me suis assuré que ce bruit était dû à trois espèces de pics : le cendré, l'épeiche et l'épeichette, sans nier cependant que les autres n'aient la même faculté.

C'est en introduisant son bec entre deux branches vermoulues ou dans la fente d'une branche morte et creuse, et en agitant fortement la tête de droite à gauche, qu'il le produit. Ce bruit, qui retentit fort loin, ne se fait guère entendre qu'à l'époque des amours.

135. — P. VERT (*P. viridis*, Linn.).

Il est moins grand que le précédent, mais ses habitudes sont les mêmes. On le trouve souvent à terre à la recherche des vers, des insectes et surtout des fourmis. Il ne craint pas de pénétrer dans les fourmilières, et à une profondeur de plusieurs pieds. Quand il rencontre une troupe de fourmis, il allonge sa langue, enduite d'une humeur visqueuse qui retient les fourmis : quand elle en est couverte, il la retire et les avale. Son cri est souvent attribué à l'espèce suivante; il en diffère cependant beaucoup. Il peut se rendre par les syllabes *cla*, *cla*, *cla*, *cla*, répétées dix fois au moins et très rapidement. Celui du pic cendré est au contraire un sifflement qui peut se traduire par *tue*, *tue*, *tue*, *tue*, *tue*, *tue*, en précipitant les trois ou quatre premières notes et en ralentissant et diminuant de force les dernières.

La queue sert à cet oiseau de point d'appui pour grimper aux arbres et même pour marcher. Elle est composée de pennes à baguettes dures et très élastiques. Si cet appui vient à lui manquer, ses mouvements sont complétement paralysés. Même avec cet organe complet, il ne peut se tenir perché en travers d'une branche, comme les autres oiseaux, si cette branche a moins de six à huit centimètres de diamètre ; car si la queue ne trouve pas un appui, l'oiseau est renversé le ventre en l'air. Aussi est-ce toujours dans la longueur d'une branche qu'il se tient, et jamais en travers.

Beaucoup plus commun que le précédent, il habite indistinctement les forêts en plaine et en montagne.

136. — P. CENDRÉ (*P. canus*, Gmel.).

Un peu plus petit que le précédent, dont il ne diffère que par la tête qui ne porte, chez le mâle, qu'une petite tache rouge placée sur le front, le reste de la tête et les côtés du cou étant d'un cendré clair. La femelle n'a point de rouge sur le front.

On le rencontre moins souvent à terre, et il est aussi moins commun que le précédent. Il préfère les forêts en plaine à celles de montagne. Ce pic ne paraît pas du reste être très répandu : aussi les peaux de cet oiseau ont-elles une certaine valeur chez les marchands naturalistes.

137. — P. ÉPEICHE (*P. major*, Linn.).

Il se rencontre partout, dans les forêts noires comme dans les sapins. Son nom vulgaire est *pic gris.*

Cette espèce est plus commune que les autres.

Il y a des années où les passages en sont considérables, et les jeunes y sont en grande majorité.

Sa nourriture consiste en larves, punaises et fourmis, qu'il recherche sous les écorces et dans le bois pourri, et aussi en semences de hêtre et en noisettes.

Il descend rarement à terre.

En sortant du nid, les jeunes ont toute la tête d'un rouge terne. A la première mue, ce rouge disparaît pour faire place, sur l'occiput du mâle, à une bande étroite d'un rouge cramoisi.

La femelle a la tête noire.

138. — P. ÉPEICHETTE (*P. minor,* Linn.).

C'est le plus petit des pics d'Europe, car sa taille est à peine celle d'un moineau.

Le mâle seul a la tête rouge.

Il se nourrit, comme les précédents, de larves et d'insectes. Il accompagne souvent les bandes de mésanges.

Comme les autres pics, il fait un trou dans les arbres pour y déposer ses œufs, mais il choisit de préférence les cerisiers et les trembles, dont le bois plus tendre lui offre moins de résistance.

Il habite les forêts en plaine. Je l'ai vu souvent dans les bois de la Haute-Saône. Il visite aussi les vergers.

139. — P. MAR (*P. medius,* Linn.).

Très rare dans nos départements. Je n'en ai jamais vu que trois, dont un tué par moi dans les bois de Montseugny. J'ai trouvé les deux autres sur le marché de Vesoul.

Il serait, dit-on, plus commun dans le Midi.

Un peu moins grand que l'épeiche. Il en diffère aussi par la tête, qui, chez le mâle comme chez la femelle, est couverte de plumes allongées d'un beau rouge cramoisi. Les flancs sont également d'un rose clair.

GENRE II. — Torcol (*Yunx*).

140. — T. VERTICILLE (*Y. torquilla,* Linn.).

Ce n'est pas sans motif que les chasseurs ont donné le nom d'ortolan à cet oiseau; car à son passage de septembre, il a acquis un embonpoint extraordinaire, que le véritable ortolan n'atteint jamais en liberté.

Son nom de torcol lui vient de la singulière habitude qu'il a de tordre son cou et sa tête en différents sens. Je ne l'ai jamais vu faire ses contorsions que pris au piége, ou blessé d'un coup de fusil. Il commence par allonger le cou d'une façon extraordinaire, puis avec une grande lenteur il exécute ses mouvements de torsion, sans remuer le reste du corps. Si dans ce moment le corps lui-même de l'oiseau était dissimulé sous de l'herbe ou de la mousse, on croirait voir une couleuvre, le plumage bigarré du torcol aidant à cette ressemblance.

Il grimpe à la manière des pics, mais il vit surtout à terre, faisant usage de sa très grande langue pour attraper les fourmis.

FAMILLE XIII.

CUCULIDÉS.

GENRE UNIQUE. — Coucou (*Cuculus*).

141. — C. GRIS (*C. canorus*, Linn.).

C'est le seul représentant de cette famille que nous ayons en France. C'est un oiseau connu de tout le monde, et par son chant et par l'instinct qui le porte à déposer ses œufs dans les nids des petits oiseaux insectivores. Malgré tout ce qui a été écrit à son sujet, nous ne savons pas encore tout, tant ses mœurs présentent d'anomalies, si toutefois il y a des anomalies dans la nature. Je donnerai donc ici quelques aperçus sur la mue de cet oiseau, parce qu'elle avait donné lieu à l'établissement d'une espèce nouvelle sous le nom de *Coucou roux*.

Je suis convaincu que ce *Coucou roux* est une femelle à l'âge d'un an, et qu'à deux ans cette femelle ressemble au mâle. Je vais essayer de le prouver.

Ayant consacré deux ou trois printemps à tuer et à étudier scrupuleusement vingt-huit de ces oiseaux, j'ai constaté d'abord que sur ce nombre, il y avait vingt et un mâles adultes. Sur les sept femelles qui restaient, une était rousse, deux portaient encore sur le dos quelques plumes rousses, et les quatre autres ne présentaient aucune différence avec les mâles.

Comme je n'ai remarqué aucun indice de plumes rousses sur le plumage des mâles, je crois que, dès la première mue ou dès la première migration, ils prennent la livrée de l'adulte.

J'ai été à peu près confirmé dans cette opinion par la rencontre des plus rares que je fis d'un jeune coucou à la fin d'octobre. Il était alors en pleine mue; la couleur grise ou cendrée de l'adulte dominait déjà sur le cou et sur le croupion. Malheureusement je n'ai pu constater son sexe, la nature n'ayant encore rien fait de ce côté.

Je crois notre coucou exclusivement insectivore et surtout grand destructeur de chenilles velues. Comme tel il aurait droit à notre respect; mais la femelle, en déposant ses œufs dans cinq ou six nids, ne détruit pas moins d'une trentaine d'oiseaux par an.

Je suis de l'opinion de ceux qui affirment que la femelle pond son œuf à terre et le transporte dans le nid qu'elle a choisi à l'avance. La petitesse de cet œuf, relativement à la grosseur de l'oiseau, est encore une preuve que la nature n'a rien oublié dans ses combinaisons.

La dernière femelle que j'ai tuée, dans un petit bois de sapins près Cernay, était poursuivie par un pipit des buissons. Quand je la ramassai, il lui sortit un œuf de la gorge.

E. — Passereaux ténuirostres.

FAMILLE XIV.

CERTHIADÉS.

Genre I. — **Sittelle** (*Sitta*).

142. — S. TORCHEPOT (*S. europæa*, Linn.).

Les habitudes des sittelles tiennent à la fois de celles des pics et de celles des mésanges. Elles grimpent aux arbres et en descendent par le même procédé ; elles frappent aussi l'écorce avec leur bec pour en faire sortir les larves.

Le nom de Torchepot, donné à cette sittelle, vient probablement de l'habitude qu'elle a de rétrécir avec de la terre l'ouverture du trou où elle établit son nid. Choisissant toujours pour cela l'excavation naturelle d'un arbre, et cette cavité ayant souvent une ouverture trop grande, elle la réduit de cette façon à la grosseur de son corps.

La terre employée à cet usage doit contenir un certain mélange, car elle devient très dure, et en la coupant, l'intérieur semble comme pénétré de colle forte.

La sittelle est un oiseau sédentaire qui ne s'éloigne pas des lieux qui l'ont vu naître. Elle est assez commune. Outre les insectes, elle mange des faines et des noisettes.

Genre II. — **Grimpereau** (*Certhia*).

143. — G. FAMILIER (*C. familiaris*, Linn.).

Ce petit grimpereau se rapproche des pics par ses habitudes et par la conformation de sa queue qui lui rend les mêmes services, mais il en diffère par son bec qui est grêle et courbé, et par sa langue qui est courte et inextensible.

Il niche dans les trous naturels des arbres et quelquefois dans ceux des vieux murs qui ferment les vergers, où il se tient volontiers. Il n'est pas rare.

GENRE III. — **Tichodrome** (*Tichodroma*).

144. — T. ÉCHELETTE (*T. phœnicoptera*, Temm.).

Ce bel oiseau est de passage dans nos départements de la fin d'octobre au mois de mars, c'est-à-dire que pendant tout l'hiver on en voit quelques-uns.

Il habite les rochers et les vieux édifices isolés, après lesquels il se cramponne fortement en battant des ailes, et en les parcourant de la base au sommet pour y chercher sa nourriture, qui consiste en araignées et leurs œufs.

J'ai tué plus de trente de ces oiseaux, tant dans la Côte-d'Or que dans les environs de Besançon, sans en avoir rencontré un seul avec la gorge noire. Plus heureux que moi, M. Brocard en a tué un en janvier sur les rochers de la route de Morre, qui portait cette tache.

A mon avis, cette plaque noire ne doit appartenir qu'à de très vieux mâles; et comme je l'ai observé pour la bergeronnette boarule, il n'est pas nécessaire que l'époque des amours soit arrivée pour qu'ils en soient revêtus.

FAMILLE XV.

UPUPIDÉS.

GENRE UNIQUE. — **Huppe** (*Upupa*).

145. — H. VULGAIRE (*U. epops*, Linn.).

C'est un oiseau bien connu, dont le nom vulgaire

est *Boubotte*. Orné d'une belle huppe qu'il déploie à volonté, et paré d'un plumage distingué, il est des plus gracieux quand il se promène à terre à la recherche des vers dont il fait sa principale nourriture. Il détourne adroitement leurs fientes et enfonce son bec dans la terre pour les atteindre. Quand il en a saisi un, il l'amène lentement au dehors et par petites secousses, puis il le frappe à coups de bec et le jette à quelques pouces en l'air pour le recevoir dans sa gorge. Il est obligé de procéder ainsi, sa langue très courte ne lui permettant pas de faire arriver sa proie jusqu'au fond du bec.

Il niche dans les trous naturels des arbres, ou dans les crevasses des rochers et les trous des murs.

On a prétendu que cet oiseau tapissait son nid d'excréments humains et d'autres matériaux infects. C'est une erreur; les œufs sont déposés à nu au fond du trou, que ce soit dans un arbre creux ou sur de la terre, ou dans un mur; mais il est très vrai que ce trou exhale une odeur repoussante et indéfinissable, qui saisit à tel point le nez et la gorge, qu'on ne peut la supporter un quart de minute. J'en ai fait plusieurs fois l'expérience. Les auteurs prétendent que cette odeur est tout simplement due aux déjections des jeunes; mais les observations que j'ai pu faire sur huit nids m'empêchent d'être de cet avis.

Tout d'abord, il n'est pas nécessaire qu'il y ait des jeunes pour que cette odeur se manifeste, puisque pendant l'incubation elle s'est déjà développée dans toute sa force. Ensuite je n'ai pas plus trouvé de déjections dans ce nid que dans ceux des autres oiseaux, dont les parents ont le soin d'enlever les fientes dès qu'elles sont produites.

F. — Passereaux syndactyles.

FAMILLE XVI.

MÉROPIDÉS.

Genre I. — **Guêpier** (*Merops*).

146. — G. VULGAIRE (*M. apiaster*, Linn.).

Très rare dans nos contrées. Je ne connais d'autre capture que celle d'un sujet tué près de la gare de Besançon, le 14 juillet 1872, et monté par M. Constantin.

Genre II. — **Rollier** (*Coracias*).

147. — R. COMMUN (*C. garrula*, Linn.).

Un jeune mâle m'a été envoyé de Ray-sur-Saône, il y a quelques années. Il avait été tué sur un peuplier pendant qu'il était occupé à manger des chenilles du *bombyx* de cet arbre.

Deux autres individus ont été tués près de Saint-Vit (Doubs). (Renseignement communiqué par M. Constantin.)

Tête et cou d'un bleu clair ; dos roussâtre ; petites couvertures des ailes d'un bleu violet ; deux plumes de la queue dépassant les autres ; parties inférieures d'un bleu d'aigue-marine.

FAMILLE XVII.

ALCÉDINÉS.

Genre unique. — **Martin-pêcheur** (*Alcedo*).

148. — M.-P. ALCYON (*A. ispida*, Linn.).

De tous les oiseaux de notre pays, c'est assurément celui qui est revêtu des plus brillantes couleurs. Elles sont malheureusement la cause de la diminution toujours croissante de l'espèce.

Quoique le moins nuisible des membres de la gent emplumée, il n'en a pas moins été mis hors la loi par je ne sais plus quelle autorité préfectorale qui l'avait rangé parmi les destructeurs de poisson. Il est vrai que c'est là sa seule et unique nourriture, mais quels poissons !

Les jeunes de cet oiseau, observés dans le nid, offrent une particularité curieuse que je croyais leur être propre ; mais j'ai appris depuis peu qu'elle appartenait aussi aux jeunes du guêpier vulgaire.

On sait que le martin-pêcheur niche dans des trous qu'il creuse lui-même dans les berges des rivières. Si à l'époque où les jeunes sont déjà très forts, on parvient, en prenant des précautions, à enlever la terre jusqu'au fond du trou, on est fort surpris de voir que les petits ne possèdent pas une seule plume, mais ont tout le corps couvert de tuyaux dans lesquels les plumes sont encore enveloppées, quoiqu'elles aient acquis toute leur longueur.

Ce n'est donc que très peu de temps avant la sortie du nid que ces enveloppes se détachent spontanément, et que l'oiseau se trouve emplumé. J'ai pu non sans grand'peine parvenir à constater ce fait.

G. — Passereaux fissirostres.

FAMILLE XVIII.

CHELIDONIDÉS.

Genre I. — **Hirondelle** *Hirundo*).

149. — H. DE CHEMINÉE (*H. rustica*, Linn.).

Depuis qu'on a pris l'habitude de couvrir les cheminées de tuiles ou de les surmonter de tuyaux en terre ou en tôle, elle ne peut plus guère y nicher. Elle s'établit maintenant sous les hangars et jusque dans les chambres qui lui sont accessibles. Elle ne prend jamais domicile en dehors des villes et des villages.

Elle présente souvent des variétés d'un blanc pur ou jaunâtre. J'en ai vu une dont le roux de la gorge était remplacé par le plus beau rouge.

150. — H. DE FENÊTRE (*H. urbica*, Linn.).

Elle n'est plus aussi commune qu'autrefois, ou du moins elle ne niche plus en aussi grand nombre dans les villes et les villages.

Par contre, il y a des parois de rochers où l'on voit des groupes de centaines de nids, comme le grand banc qui se trouve sur la route de Pontarlier, à la sortie du village de Mouthier.

151. — H. DE RIVAGE (*H. riparia*, Linn.).

Visite rarement les villages, où elle ne vient que pour chercher des plumes de poule dont elle garnit l'intérieur de son nid. Ce nid est placé au fond d'un trou assez profond qu'elle creuse dans les berges des rivières ou plus souvent dans les trous de taupes mis à découvert par les éboulements qu'occasionnent les crues des rivières.

Assez commune sur les bords de l'Ognon, où elle niche.

151. — H. DE ROCHER (*H. rupestris*, Linn.).

Je ne mentionne cette espèce que sur l'assurance qui m'a été donnée par plusieurs personnes qu'elle avait été vue dans le département du Doubs.

Un chasseur de Salins en a tué une près du fort Saint-André.

M. Contessons, conducteur des ponts-et-chaussées,

m'a affirmé qu'elle nichait dans les rochers avoisinant la ville de Saint-Claude, et que de son jardin il en avait tué plusieurs. C'est tout ce que je sais de cet oiseau qui est commun en Savoie et en Piémont.

Genre II. — **Martinet** (*Cypselus*).

153. — M. NOIR ou DE MURAILLES (*C. apus*, Illig.).

Très commun dans les villes et dans les villages où il y a de vieux châteaux. Son séjour parmi nous ne semble pas durer plus de trois mois. Cependant s'il quitte les lieux où il a niché, il ne faut pas croire pour cela qu'il ait disparu, car en août et en septembre on en voit encore quelques-uns. Je dirai même que j'en ai vu passer une bande d'au moins cinquante individus le 10 octobre 1835, sur les chaumes d'Auvenay (Côte-d'Or). J'avoue avoir été très surpris de l'apparition de ces oiseaux, et je crois ce passage tout à fait accidentel.

Le nid de cet oiseau, établi dans les trous de murailles, mérite une courte description. Il est formé de brins de paille très courts, réunis et agglutinés au moyen d'une substance que l'oiseau doit lui-même produire. Il est légèrement concave et à claire-voie, et assez résistant pour qu'on puisse l'enlever sans le briser. Il ressemble alors à un petit panier.

Je dois ces renseignements à un sonneur de l'église Saint-Pierre de Besançon.

154. — M. A VENTRE BLANC (*C. alpinus*, Temm.).

Très rare. Je ne l'ai rencontré dans le département du Doubs que sur les rochers de Mouthier, à quelque distance de la percée ; c'était au mois de juillet 1850. Il y en avait cinq ou six couples. Comme la saison était déjà avancée pour ces oiseaux, je n'ai pu m'assûrer s'ils étaient sédentaires dans cette localité ou s'ils n'y étaient que de passage.

Deux ont été tués à la source de la Loue le 16 avril 1873. (Renseignement communiqué par M. Constantin.)

Je l'ai vu en Bourgogne, dans la combe de Nolay où il niche, et où j'en ai tué quelques-uns (1).

Genre III. — **Engoulevent** (*Caprimulgus*).

155. — E. ORDINAIRE (*C. europæus*, Linn.).

C'est un oiseau solitaire. A part le temps de la reproduction, on le rencontre toujours seul. Je ne lui connais pas d'autre cri que celui qu'il fait entendre pendant la saison des amours, et qu'il répète pendant des heures entières, perché sur une branche, dans le sens de sa longueur.

Dans tout autre moment, il se tient à terre. C'est aussi sur le sol et sans aucune préparation qu'il dépose ses œufs. S'il est dérangé pendant l'incubation, il les transporte ailleurs, mais seulement à quelques mètres.

Au crépuscule, il se met en chasse de papillons de nuit, qu'il saisit en volant et qui constituent son unique nourriture. A la fin de septembre, on n'en voit plus.

---

(1) Voir notre Catal., p. 59. (*Note de l'Editeur.*)

ORDRE III.

PIGEONS.

FAMILLE UNIQUE.

COLOMBIDÉS.

GENRE UNIQUE. — **Pigeon** (*Colomba*).

156. — C. RAMIER (*C. palumbus*, Linn.).

Nichent en petit nombre dans nos forêts en plaine, mais plus communs en montagne. Ils nous arrivent du Nord au mois d'octobre par grandes bandes. Si les glands ou les faines sont en abondance, ils séjournent dans les forêts; dans le cas contraire, ils s'abattent sur les champs nouvellement ensemencés, où ils sont très difficiles à approcher.

A leur retour au mois de mars, les bandes en sont réduites au moins de moitié, ce qui n'étonne pas quand on a assisté aux destructions prodigieuses de cet oiseau qui se font dans le Midi et dans l'Ouest de la France.

157. — C. COLOMBIN (*C. œnas*, Linn.).

Plus petit et moins commun que le précédent, il en diffère aussi par les habitudes.

Il niche dans les trous des vieux arbres vermoulus, et cherche sa nourriture dans les champs et non dans les bois. Son passage d'automne commence aussi plus tôt, presque immédiatement après celui de la tourterelle.

Il niche très rarement dans nos départements. Dans ma jeunesse, j'en ai pris un nid à Port-sur-Saône, dans le creux d'un hêtre, et, depuis, je n'en ai jamais retrouvé.

158. — C. BISET (*C. livia*, Briss.).

C'est le pigeon qui peuple nos colombiers et que nous appelons *fuyard*. Il est extrêmement rare de le rencontrer à l'état sauvage, dans nos contrées et même dans les Pyrénées, à l'époque de son passage. J'ai consulté plusieurs chasseurs à cet égard, et un seul m'a dit en avoir pris une petite troupe composée de douze ou quinze individus.

159. — C. TOURTERELLE (*C. turtur*, Linn.).

Commune dans nos bois où elle niche. Elle arrive dans les premiers jours de mai pour repartir à la fin d'août. Après le 15 septembre, on ne rencontre plus que quelques jeunes provenant de couvées tardives, ou quelques individus malades. Dans notre pays, son départ n'a pas lieu par grandes bandes, tandis que dans les Landes et dans la Gironde, c'est par volées nombreuses qu'on la voit longer le golfe de Gascogne pour entrer en Espagne par les Pyrénées.

Très grasse à ce moment, c'est un excellent gibier. On la prend au filet sur les bords de la mer, où elle vient avaler du sable imprégné de sel.

ORDRE IV.

GALLINACÉS.

FAMILLE I.

TÉTRAONIDÉS.

GENRE UNIQUE. — **Tetras** (*Tetrao*).

160. — T. AUERHAN (*T. urogallus*, Linn.) ou *Coq de bruyère*.

C'est, avec la gelinotte, le seul oiseau du genre qui habite nos départements. J'ai bien entendu dire que le birkhan s'y trouvait aussi, mais je n'ai pu en acquérir la preuve positive.

C'est un magnifique gibier, que j'ai voulu chasser; mais il n'est pas commun, et les localités où il se tient ne sont pas sans dangers pour le chasseur qui ne connait pas le pays. Cependant, comme j'avais pour guide un homme du métier, nous sommes parvenus, après deux jours de fatigues, à tuer un jeune mâle. Je dois ajouter que mon inexpérience, et surtout la crainte de tomber dans les *lésines* (crevasses dans le roc), sont les causes de notre peu de succès. Le grand coq de bruyère (c'est son nom vulgaire) mange plusieurs sortes de baies, des bourgeons et de jeunes pousses d'arbres alpestres.

161. — T. GELINOTTE (*T. bonassia,* Linn.).

Habite la montagne et les forêts de la plaine. Il est rare dans la partie basse du département du Doubs, tandis qu'il est commun dans l'arrondissement de Vesoul; on peut même dire qu'il est répandu dans toute la Haute-Saône. Depuis quelques années, on le rencontre même dans des localités où on ne l'avait jamais vu. Deux ont été tués dans les environs de Marnay, l'an dernier (1873). Deux autres m'ont été apportés au mois d'octobre de cette année (1874); ils avaient été tués dans le bois de Burgille où on ne l'avait encore observé qu'une fois.

Avis aux chasseurs qui ne connaissent pas cette chasse : la gelinotte part comme la bécasse, mais avec plus de bruit et de rapidité; si le chasseur, après avoir battu le terrain où il la croit remisée, ne la relève pas, il devra examiner avec soin les gros chênes des environs; c'est là qu'il la découvrira immobile, couchée dans le sens de la longueur d'une grosse branche.

FAMILLE II.

PERDICIDÉS.

GENRE UNIQUE. — **Perdrix** *(Perdrix)*.

162. — P. GRISE *(P. cinerea*, Briss.).

Commune dans les plaines des deux départements; plus rare en montagne.

Les chasseurs en signalent une autre espèce qu'ils nomment *Perdrix de passage*. Elle ne différerait du type que par sa taille plus petite et par ses pieds jaunes. Je ne l'ai jamais vue.

J'ai été, au mois d'août 1870, témoin d'un acte de courage dont je ne croyais pas notre perdrix capable. Une compagnie traversait au vol la prairie de Burgille, quand un hobereau vint fondre sur elle. S'abattre et se cacher dans l'herbe, fut pour les perdrix l'affaire d'une seconde. Mais le faucon en ayant aperçu une, se précipita sur elle pour la saisir. Le père et la mère se lancèrent alors à sa rencontre à plusieurs reprises, et réussirent à le mettre en fuite.

Pareil fait s'était passé sous mes yeux en 1834 dans les rochers de Saint-Sernin-du-Plain; mais les héros étaient cette fois deux perdrix rouges qui défendirent courageusement, contre une cresserelle, leurs jeunes qui n'avaient que quelques jours.

163. — P. ROUGE (*P. rubra,* Briss.).

Très rare dans notre pays. Je ne connais qu'une seule localité où, chaque année, on en tue quelques individus; c'est le bois qui se trouve sur le plateau de Montfaucon, près Besançon.

La perdrix rouge n'est pas un oiseau de passage, mais elle est très sujette à changer fréquemment de cantons.

Dans une même compagnie, on trouve quelques sujets de très forte taille, et d'autres qui ne sont pas plus gros que des perdrix grises. Les chasseurs donnent aux premiers le nom de bartavelles, espèce qui ne se trouve jamais dans nos contrées.

On la rencontre plus souvent que la grise dans les localités boisées; mais elle habite la plaine comme la montagne, témoins les Landes et les plaines de la Beauce. Elle se perche souvent.

164. — P. CAILLE (*P. cothurnix*, Linn.),

La caille est un oiseau dont le passage est plus ou moins abondant suivant les années, mais régulier.

Comme il y a des années tardives, il en résulte qu'on en voit jusqu'à la fin d'octobre. Je me souviens d'en avoir tué une le jour de la saint Nicolas (6 décembre).

ORDRE V.

ÉCHASSIERS.

A. — Echassiers pressirostres.

FAMILLE I.

OTIDÉS.

GENRE I. — **Outarde** (*Otis*).

165. — O. BARBUE (*O. tarda*, Linn.).

Ayant habité et parcouru la Champagne pendant cinq ans, j'ai pu observer cet oiseau dans bien des circonstances, car tous les hivers on en voit quelques troupes, et les marchands de gibier en apportent sur le marché de Châlons-sur-Marne.

Il n'y a pas pour l'outarde de mode de chasse particulier, et ce n'est que par hasard, et en rampant des kilomètres, que l'on parvient quelquefois à l'approcher à portée de fusil. J'ai employé tous les moyens que me suggérait mon ardeur de chasseur et d'amateur, et n'ai pu réussir que deux fois, en abattant un mâle de grande taille et une femelle. Après avoir blessé cette dernière, j'ai dû la poursuivre encore quatre heures avant de pouvoir l'achever. C'était le jour de la translation des cendres de Napoléon à Paris, par un froid de 18 degrés et une neige de 40 centimètres.

Elle niche en Champagne dans les seigles et les blés, mais non tous les ans. Il est même probable qu'elle cessera tout à fait, car ses couvées réussissent rarement.

En mai 1841, on m'a apporté un mâle en plumage de noces, pesant vingt-huit livres, et un autre, au mois d'août de la même année, mais en pleine mue.

Le plumage de noces de cet oiseau diffère de celui qu'il porte en hiver, par l'accroissement considérable qu'ont pris les plumes du cou, et par leur couleur, qui de blanc cendré est devenue d'un beau roux sur les parties latérales. Le cou lui-même a triplé de volume par suite du développement de glandes graisseuses, qui à sa base forment une masse d'environ soixante centimètres de diamètre. Je crois que l'oiseau peut à volonté en augmenter ou en diminuer l'amplitude. Dans cet état, les longues plumes effilées et à barbes isolées qui ornent les côtés de la gorge ont jusqu'à vingt centimètres de longueur.

Une autre particularité à signaler, mais qui se présente en toute saison, c'est que la base duvetée de toutes les plumes de cet oiseau est d'un beau rouge lie de vin.

L'outarde doit s'accoupler de bonne heure; car me trouvant un jour du mois de février dans un poste télégraphique, j'en ai observé des troupes se livrant à des évolutions excentriques, semblables à celles du dindon, telles que battement d'ailes, étalage de la queue, etc.

Elle n'habite pas uniquement les plaines, puisqu'on en voit quelquefois dans des lieux très accidentés. Il y a une quinzaine d'années, j'en ai trouvé une sur le marché de Besançon, mais je n'ai pu savoir sa provenance : elle est au musée de cette ville. En 1868, on en a tué une près de Faverney (Haute-Saône) : elle fait partie de la collection de M. Grandbesançon, à Breurey.

166. — O. CANEPETIÈRE *(O. tetrax,* Linn.).

Beaucoup plus petite que la précédente à laquelle elle ressemble par le plumage et par les habitudes. Il est cependant rare d'en voir plus cinq ou de six ensemble, même pendant les nichées.

J'en ai tué quelques-unes dans le département des Landes, où elle niche. C'est à l'époque des amours que le mâle fait entendre son cri *prout*, *prout,* répété à satiété. Son vol ressemble à celui du canard sauvage.

Elle est de passage accidentel dans nos départements. On m'en a apporté une le 28 octobre dernier (1873). Elle avait été tuée dans un champ couvert de chardons, près de Burgille.

FAMILLE II.

CHARADRIDÉS.

Genre I. — Œdicnème (*Œdicnemus*).

167. — ŒE. CRIARD (*ŒE. crepitans*, Temm.).

Rare dans nos contrées. Je ne l'ai vu qu'une seule fois sur les terrains incultes situés entre les villages d'Avrigney et de Charcenne. Il habite ordinairement les terrains sablonneux ou couverts de bruyères et éloignés des eaux.

Son cri, qu'il fait entendre la nuit plutôt que le jour, ressemble à celui du courlis cendré, ce qui lui a valu le nom de courlis de terre.

Il est commun dans la Champagne pouilleuse, mais on en tue fort peu au fusil. J'ai connu un braconnier de Châlons qui les prenait de la manière suivante :

Muni d'une quarantaine de lacets en crin, dont chacun d'eux était fixé à un morceau de bois aiguisé pouvant se piquer en terre, il parcourait la plaine à la recherche de ces oiseaux. Lorsqu'il en avait fait lever une bande, il remarquait exactement leur remise et allait tendre ses collets à l'endroit même d'où la troupe était partie. Faisant ensuite un grand détour, de façon à ce que les oiseaux se trouvent entre lui et les piéges, il les faisait repartir, et presque toujours ils revenaient à l'endroit où ils avaient été levés la première fois. Cette manœuvre exécutée, il attendait une heure ou deux et allait ramasser les prisonniers. Il m'a assuré que que quand la bande était composé d'une trentaine d'individus, il était à peu près sûr d'en prendre dix ou douze.

Genre II. — **Pluvier** *(Charadrius).*

168. — P. DORÉ *(Ch. pluvialis*, Linn.).

Assez commun. Il est de passage au printemps et à l'automne dans notre pays. Il se tient indistinctement dans les champs et dans les prairies. Comme il niche dans le Nord, nous ne le voyons jamais dans son beau plumage de noces, à moins d'employer le moyen dont je me suis servi pendant mon séjour à Châlons-sur-Marne. Dans ce pays, où on le chasse avec le filet à nappes, j'allais trouver les chasseurs à la fin de mars, et je choisissais parmi les captifs ceux dont le plumage était le plus avancé. Je leur arrachais quelques plumes d'une aile, puis je les lâchais dans mon jardin. Dès les premiers jours de juin, leur plumage était parfait.

J'ai employé le même moyen pour les Combattants.

Les pluviers deviendraient très promptement familiers. Leur nourriture consiste en vers; ils acceptent même très bien la mie de pain trempée dans de l'eau.

Dans mon jardin ils s'occupaient sans cesse à chercher les insectes, les limaçons et les vers. Quand on y travaillait, ils ne quittaient pas les ouvriers : chaque pelletée de terre retournée était immédiatement visitée, et les plus petits insectes saisis et avalés.

169. — P. GUIGNARD *(Ch. morinellus*, Linn.).

Plus petit que le précédent, et beaucoup plus rare. Ceux que j'ai tués ou que j'ai pu rencontrer sur les marchés étaient toujours des jeunes. Cependant, j'ai vu à Vesoul, dans une petite collection appartenant à M. Gillard, deux sujets parfaitement adultes.

170. — GRAND P. A COLLIER *(Ch. hiaticula*, Linn.).

On en voit rarement d'individus vieux sur les

bords de nos rivières; mais au passage d'automne, les jeunes y sont très communs. On le distingue de l'espèce suivante par sa plus grande taille, par son bec qui est moitié jaune et moitié noir, et par ses pieds de couleur orange.

171. — PETIT P. A COLLIER (*Ch. minor*, Meyer et Wolf).

Plus commun que le précédent.

Il niche sur les graviers de nos rivières, où il serait même très abondant si ses couvées n'étaient pas détruites le plus souvent par les inondations du printemps. Les œufs sont simplements déposés dans un petit creux, parmi les cailloux et les coquilles avec lesquelles ils se confondent. Les jeunes peuvent courir en sortant de l'œuf.

Son nom vulgaire est *graveline*.

Genre III. — **Huitrier** (*Hœmatopus*).

172. — H. PIE (*H. ostralogus*, Linn.).

C'est un oiseau des plages maritimes, dont l'apparition dans notre pays est rare.

On le voit quelquefois sur les grèves de la Saône, où un chasseur en a tué un au mois de mars 1861. Il y en avait plusieurs en compagnie de vanneaux.

Genre IV. — **Vanneau** (*Vanellus*).

173. — V. PLUVIER ou V. SUISSE (*V. melanogaster*, Bechst.).

Très rare dans nos départements où l'on ne voit que des jeunes. Un chasseur de Burgille m'en a apporté un au mois d'octobre 1869.

Il paraît habiter de préférence les bords de la mer et l'embouchure des fleuves.

174. — HUPPÉ (*V. cristatus*, Meyer).

Je connais peu de localités où le passage de cet

oiseau soit aussi considérable que dans la vallée de l'Ognon; et si la chasse au filet à deux nappes y était permise comme en Champagne, je suis convaincu qu'un chasseur de profession pourrait gagner ainsi de 1,000 à 1,200 fr. pendant les deux passages, c'est-à-dire dans l'espace de trois mois.

J'ai assisté bien des fois à cette chasse aux environs de Châlons-sur-Marne. Je ne la décrirai pas parce que cela m'entraînerait trop loin; mais en deux mots, et pour faire comprendre combien elle est fructueuse, je dirai que j'ai vu prendre souvent cinquante à soixante vanneaux d'un seul coup de filet.

Le chasseur Jeannard, près duquel je me plaçais de préférence, m'a assuré en avoir couvert cent-vingt d'un coup.

Tous nos échassiers de taille moyenne se prennent à cette chasse; je dis de taille moyenne, parce que les petites espèces peuvent s'échapper à travers les mailles du filet, dont la dimension est de sept à huit centimètres.

Le vanneau s'habitue facilement à la captivité. Il y a peu de jardins à Châlons où l'on n'en garde pour détruire les vers et les insectes.

Pendant le jour ils ne craignent pas les chats; mais on les enferme la nuit dans de petites cabanes construites à cet effet.

B. — *Echassiers cultirostres.*

FAMILLE III.

GRUIDÉS.

GENRE UNIQUE. — **Grue** (*Grus*).

175. — G. COMMUNE (*G. cinerea*, Bechst.).

Les grues passent régulièrement en France par bandes plus ou moins nombreuses.

A la fin d'octobre elles se dirigent de l'est à l'ouest. A cette époque, elle s'abattent sur les champs ensemencés. A la fin de mars, elles remontent vers le nord, et elles s'arrêtent dans les prairies étendues. On ne les approche toujours que très difficilement : aussi, malgré leur grand nombre, on n'en tue que fort rarement.

La plupart des chasseurs et des habitants de la campagne les confondent avec les cigognes et les oies sauvages. Il est facile d'éviter cette méprise.

Le passage de la cigogne a lieu à la fin d'août, et celui de la grue à la fin d'octobre. La première ne fait entendre aucun cri, soit qu'elle vole, soit qu'elle soit à terre. La seconde, au contraire, ne cesse de lancer un cri très sonore, suivi de temps en temps d'un sifflement isolé très aigu, et qu'on perçoit lors même que la bande est à perte de vue. L'oie sauvage passe en novembre et décembre; son cri est le même que celui de l'oie domestique.

FAMILLE IV.

ARDÉIDÉS.

Genre I. — **Héron** *(Ardea)*.

176. — H. CENDRÉ (*A. cinerea*, Linn.).

Il y a peu d'années, ce héron était assez commun sur les bords de l'Ognon. Aujourd'hui on n'en voit presque plus.

Je n'en ai jamais vu en aussi grande quantité que sur les bords de la Marne, surtout dans son parcours de Châlons à Epernay. Leur abondance sur ce point est probablement due à la héronnière de M. de Sainte-Suzanne, située à Ecury, près des vastes marais de Jalons. Cette héronnière n'est autre chose que la réunion de quarante à cinquante chênes plusieurs fois séculaires, qui forment une belle allée près du château. Depuis des siècles, ces arbres abritent annuellement de vingt à vingt-cinq nids de hérons. Ces nids sont soigneusement gardés, et les pontes réussiraient presque toutes sans la corneille noire qui en détruit une grande quantité. Je tiens ce dernier détail de M. de Sainte-Suzanne lui-même.

J'ai compté jusqu'à cinq nids sur le même arbre. Ils se composent d'un amas de petites branches, et l'intérieur est garni de jonc.

177. — H. POURPRÉ (*A. purpurea*, Linn.).

Beaucoup plus rare que le précédent. J'en ai vu un qui avait été tué à Buthier, sur l'Ognon, et un chasseur de Pagney m'en a apporté un autre le 16 avril 1866; c'était une femelle.

Ses habitudes se rapprochent beaucoup plus de celles du butor que de celles du héron cendré. Comme le premier, il se tient dans les roseaux touffus dont il ne part pas facilement.

Niche dans les marais boisés, mais non en troupes.

178. — H. AIGRETTE (*A. egretta*, Linn.).

Je n'ai que de bien faibles indices du passage de cet oiseau dans notre pays. Ce sont les suivants :

Traversant un jour la prairie de Marnay, j'aperçus à quelques centaines de mètres une tache blanche d'une certaine étendue. M'étant dirigé sur ce point, je reconnus qu'un oiseau de grande taille et entièrement blanc avait été dévoré là par un oiseau de proie ou par des corbeaux. Les seules parties caractéristiques restées sur place se composaient des grandes pennes des ailes et de quelques plumes filamenteuses propres à cette espèce.

179. — H. CRABIER (*A. comata*, Pall.).

Très rare. Un individu a été tué à Pagney, il y a quelques années, et monté par M. Constantin. Un autre a été vu l'été dernier (1873) sur les graviers du gué de Marnay; mais, attendu le voisinage de la gendarmerie, personne n'a osé le tirer.

Cet oiseau est remarquable par sa huppe formée de huit à dix plumes effilées, d'un blanc liséré de noir, qui retombent en arrière jusqu'à la naissance du cou.

180. — H. BUTOR (*A. stellaris*, Linn.).

Assez commun. — On le voit tous les ans sur les bords de l'Ognon, mais le plus souvent en automne. Très gras à cette époque, c'est alors un assez bon manger.

Il se tient dans les roseaux, d'où il ne part que difficilement. Le dernier que j'ai tué avait dans le gésier deux rousses, dont chacune avait dix-huit centimètres de long.

181. — H. BLONGIOS (*A. minuta*, Linn.).

Le plus petit du genre. Il est assez commun sur les bords de l'Ognon, où il niche, soit dans les roseaux, soit dans les gros buissons qui penchent sur l'eau. Autant sa démarche est lente et embarrassée sur la terre, autant il est vif quand il parcourt un massif de roseaux. Il ne saute pas d'une tige à l'autre, mais il les saisit l'une après l'autre avec ses doigts, à la manière des perroquets.

Lorsqu'il est posé dans l'intérieur d'un buisson, il se laisse approcher d'assez près pour qu'on puisse l'assommer d'un coup de rame. Il se tient alors immobile, le cou allongé et la tête relevée, espérant qu'il ne sera pas aperçu.

182. — H. BIHOREAU (*A. nycticorax*, Linn.).

Rare. On peut le rencontrer en toute saison, le plus souvent perché sur les peupliers, et se laissant facilement approcher.

En 1846, j'en ai observé un depuis le poste télégraphique de Maxilly, qui, en moins d'une heure, a pris une vingtaine de souris. Il se promenait à travers les chaumes, puis restait immobile pour guetter sa proie, sur laquelle il se précipitait. Deux de ces oiseaux m'ont été envoyés des bords de la Saône.

Genre II. — Cigogne (*Ciconia*).

183. — C. BLANCHE (*C. alba*, Briss.).

Cet oiseau, si commun autrefois, devient de plus en plus rare, non-seulement à son passage, mais encore dans les pays où il niche habituellement.

En Alsace, par exemple, il y avait peu de villes entre Mulhouse et Strasbourg dont les clochers ne fussent surmontés d'un nid de cigogne. Strasbourg à lui seul en possédait au moins dix nids, et il y en a quatre au plus aujourd'hui.

Il y a sept ou huit ans, un couple de ces oiseaux a passé la nuit sur le faîte du toit de ma maison. Le matin, malgré la présence de nombreux curieux, elles se sont mises à faire leur toilette, qui n'a pas duré moins de deux heures. Enfin, à huit heures, après quelques claquements de bec, elles ont disparu.

184. — C. NOIRE (*C. nigra*, Bechst.).

Cette cigogne ne paraît que fort rarement chez nous. Un individu jeune a été tué, il y a plusieurs années, par le maître de poste de Recologne. Un autre, tué à Pin-l'Emagny en 1866, par M. Raguet, de Marnay, m'a été donné par ce chasseur. Enfin un troisième a été tué dans les marais de Saône, près Besançon, le 18 septembre 1862.

Cette espèce ne niche pas sur les maisons, comme la précédente. C'est dans les grandes forêts, sur les pins et les sapins les plus élevés, qu'elle établit son nid.

C. — Echassiers longirostres.

FAMILLE V.

SCOLOPACIDÉS.

Genre I. — Ibis (*Ibis*).

185. — I. FALCINELLE (*I. falcinellus*, Linn.).

C'est à peine si depuis cinquante ans on compte trois ou quatre apparitions de cet oiseau dans nos départements.

En 1825 ou 1826, on en a tué sur la Saône, entre Auxonne et Saint-Jean-de-Losne. Un de ceux-là m'a été envoyé tout monté par M. Charles, d'Auxonne.

En 1861, quatre ont été observés entre Gray et Apremont. C'est probablement de cette petite bande que provient le sujet envoyé à cette époque au musée de Dijon.

GENRE II. — Courlis (*Numenius*).

186. — C. CENDRÉ (*N. arcuata*, Linn.).

Tous les ans, au mois d'août, il est de passage dans la vallée de l'Ognon. Comme à cette époque la chasse n'est point encore ouverte, on ne peut pas en tuer. Ce n'est qu'à son retour, en mars, qu'on en atteint quelques-uns. On l'approche difficilement; et ce n'est que caché dans une hutte de roseaux que je parvenais, mais rarement, à en abattre.

187. — C. CORLIEU (*N. phæcophus*, Lath.).

Plus petit que le précédent, dont il diffère en outre par la tête qui est traversée longitudinalement par une bande d'un blanc jaunâtre, accompagnée de chaque côté par une bande brune. Il est rare dans l'intérieur des terres. J'en ai tué plusieurs sur le bassin d'Arcachon et un à Port-sur-Saône

GENRE III. — Barge (*Limosa*).

188. — B. A QUEUE NOIRE (*L. ægocephala*, Linn.).

Rare dans nos contrées, où elle est connue sous le nom de *bécasse d'eau*. Elle se tient plutôt dans les endroits vaseux que sur le sable. On en a tué sur les bords de l'Ognon et de la Saône.

189. — B. ROUSSE (*L. rufa*, Briss.).

Plus petite que la précédente. Rare en tout temps. J'en ai trouvé au mois de septembre un jeune individu en plumage d'hiver sur le marché de Besançon. Sa queue est rayée de bandes noires et blanches. Ce caractère suffit à la distinguer à première vue de la précédente, dont la queue est complétement noire.

GENRE IV. — Chevalier (*Totanus*).

190. — C. ABOYEUR (*T. glottis*, Temm.).

C'est le plus grand du genre. Il se distingue de ses congénères par son bec gros, robuste et légèrement retroussé. Il est assez commun sur nos rivières à son double passage, et surtout sur les graviers de la Saône, où il vient chercher sa nourriture consistant en très petits poissons. J'en ai ouvert un dont le gésier contenait au moins trois cents poissons, mais ne dépassant pas un centimètre de longueur.

Comme les autres représentants du genre, c'est un gibier plus que médiocre.

191. — C. ARLEQUIN (*T. fuscus*, Linn.).

De passage périodique le long de nos rivières, mais plus commun en septembre qu'en mars. En automne, il porte une livrée cendrée, rayée de noir sur le dos, avec les parties inférieures d'un blanc pur. Au printemps, le dos est noirâtre, et chaque plume est marquée d'un point blanc en forme de croissant; les parties inférieures sont d'un cendré noirâtre. En hiver, pieds d'un rouge vif.

192. — C. AUX PIEDS ROUGES ou GAMBETTE (*T. calidris*, Linn.).

A son passage d'automne, il ressemble beaucoup au précédent. Il est cependant un peu plus petit et ses pieds sont d'un rouge plus pâle. Au printemps, on ne peut plus les confondre, le gambette ne prenant jamais de noir aux parties inférieures, qui sont d'un blanc pur avec une raie brune sur le milieu de chaque plume. La moitié du bec et les pieds sont alors d'un rouge vermillon. Commun.

193. — C. CUL-BLANC (*T. ochropus*, Linn.).

Très commun en septembre et à la fin de mars. Il

se tient sur les bords escarpés des rivières, des ruisseaux, et même dans les fossés boueux qui servent à assainir les prairies. Il est plus petit que le gambette. Il doit son nom à la couleur de sa queue, qui est entièrement blanche sur les trois quarts de sa longueur. Son plumage d'été diffère très peu de celui d'hiver.

194. — C. SYLVAIN (*T. glareola*, Linn.).

Un peu plus petit que le cul-blanc, auquel il ressemble à l'exception de la queue qui, chez le sylvain, est transversalement rayée de bandes brunes et blanches dans toute sa longueur.

Ses habitudes aussi ne sont pas les mêmes. C'est rarement qu'on le rencontre sur les bords des lacs et des rivières. Il hante de préférence les mares situées dans les bois. C'est là qu'il m'est arrivé d'en tuer deux, étant à la chasse à la glu.

Il est rare dans nos contrées.

195. — C. GUIGNETTE (*T. hypoleucos*, Linn.).

Plus petit que le sylvain, il est excessivement commun sur les bords de l'Ognon où il niche. Je ne saurais affirmer si les autres espèces du genre ont la faculté de nager et de plonger, mais pour celui-ci, j'ai été plusieurs fois témoin du fait. Si un de ces oiseaux est démonté et tombe dans la rivière, il gagne en nageant la rive opposée au chasseur; et si le chien va pour le saisir, il plonge avec la promptitude d'un grèbe, pour reparaître à plusieurs mètres. C'est aussi en se précipitant dans l'eau et en plongeant qu'il échappe à l'épervier. Les jeunes, qui ne volent pas encore, se dérobent de la même façon à la poursuite de leurs ennemis.

J'ai fait la même observation que M. Brocard relativement à l'habitude qu'ont ces oiseaux de se rassembler en assez grandes bandes au coucher du soleil, puis de s'élever en criant à une grande hauteur, pour ensuite disparaître, sans que l'on sache ce qu'ils sont devenus.

Ils nous quittent à la fin d'août ou dans les premiers jours de septembre. Ils sont alors très gras, mais ne sont pas meilleurs pour cela.

GENRE V. — **Combattant** (*Machetes*).

196. — C. ORDINAIRE (*M. pugnax*, Linn.).

Rien de plus variable que le plumage de cet oiseau. Sur vingt sujets tués avec la livrée de noces, il est difficile d'en trouver deux semblables.

Le dos est varié de diverses couleurs. Les belles plumes formant la large fraise qui garnit les côtés du cou offrent des nuances tellement variées chez les divers individus qu'on peut observer, qu'il est impossible d'en donner la description.

Il n'est pas rare chez nous à son double passage. Il voyage souvent de compagnie avec les vanneaux.

GENRE VI. — **Bécasse** (*Scolopax*).

Section A. — BÉCASSE PROPREMENT DITE.

197. — B. ORDINAIRE (*S. rusticola*, Linn.).

On pourrait dire que la bécasse est un oiseau sédentaire chez nous, puisqu'en toute saison on la rencontre dans nos bois. Il est vrai qu'elle y niche en petit nombre; mais à ses deux passages, elle est assez abondante, et il en reste toujours en hiver.

La limite extrême de ses voyages dans le Midi ne me paraît pas être très reculée; car les départements des Landes et de la Gironde en fourmillent, pour ainsi dire, pendant une partie de l'hiver. Elles y arrivent dans la dernière quinzaine de novembre, pour disparaître en totalité au commencement de janvier, suivant que la température est plus ou moins élevée. Se dirigent-elles alors vers l'Espagne ou vers les parties plus méridionales de la France, c'est ce que j'ignore. Mais ce qui est positif, c'est qu'on n'en voit plus, et que le passage de février et mars, ordinaire chez nous, ne se fait pas dans ces départements.

Peu de chasseurs connaissent les différences qui existent entre les mâles et les femelles de ces oiseaux.

Les mâles ont le bord externe des barbes de la première rémige couvert de taches brunes sur fond blanc. Les femelles portent un liséré blanc sans taches sur toute la longueur de ces barbes. Les femelles sont aussi plus petites.

Je ne sais jusqu'à quel point on peut ajouter foi au dire des chasseurs qui affirment avoir vu des bécasses emporter des petits dans leurs pattes, pour les soustraire à leurs ennemis.

Section B. — BÉCASSINE.

198. — B. DOUBLE (*S. major*, Linn.).

Excessivement rare, comparativement à la suivante, dont elle diffère par la taille et par la couleur des parties inférieures, qui, chez celle-ci, sont rayées de bandes brunes.

Leurs passages ne se font pas aux mêmes époques. Ils ont lieu, pour la bécassine double, dans les derniers jours de mars et dans les premiers de septembre. Dans ce dernier mois, elle se tient dans les regains, les colzas, les navettes et même dans les vignes, et, en mars, dans les marais et les tourbières. Elle ne fait entendre aucun cri en partant, mais un bruit d'ailes très accentué. En septembre, elle est excessivement grasse.

199. — B. ORDINAIRE (*S. gallinago*, Linn.).

Cette espèce varie beaucoup comme taille. J'en ai

tué qui étaient presque aussi grosses que la précédente, et d'autres plus petites de moitié. De ces dernières, on a fait une espèce nouvelle sous le nom de bécassine erratique, qui ne diffère de l'autre que par la taille, moins grande d'un quart, et par le nombre des pennes de la queue qui est de douze, au lieu de quatorze comme chez la bécassine ordinaire. J'avoue que je ne me suis jamais donné la peine de vérifier ce fait sur un grand nombre d'individus, ne regardant pas comme sérieux l'établissement de cette nouvelle espèce.

200. — B. SOURDE (*S. gallinula,* Linn.).

C'est la plus petite de nos bécassines. Je ne sais pourquoi on lui a donné le nom de sourde. C'est peut-être parce qu'elle se laisse souvent approcher de très près. Cela n'arrive cependant que quand elle se croit bien cachée, car autrement elle part encore à bonne distance. Il nous en reste tout l'hiver; mais on ne la trouve alors que sur le bord des petits ruisseaux, et non loin de leurs sources.

GENRE VII. — **Bécasseau** (*Tringa*).

201. — B. COCORLI (*T. subarcuata*, Temm.).

Assez commun sur les bords de la Saône à son passage de septembre; beaucoup plus rare à celui du printemps. Comme tous les oiseaux de ce genre, son plumage varie beaucoup d'une de ces époques à l'autre. En automne et en hiver, toutes les parties inférieures sont blanches, tandis qu'elles sont couleur de rouille en été.

202. — B. BRUNETTE ou VARIABLE (*T. variabilis*, Mey.).

Plus petit que le cocorli et aussi plus commun à son double passage. Pendant l'hiver, ses parties inférieures sont blanches, souvent tachetées de noir, et en été, d'un noir profond.

C'est cette espèce qu'on connaît sur nos côtes sous le nom d'*alouette de mer*, et dont on fait une si grande destruction en la chassant d'une façon des plus originales.

Il faut être deux pour cette chasse. Le premier est muni d'un cercle de tonneau garni d'un filet, et d'un certain nombre de torches de paille. Le second ne porte qu'une clochette semblable à celles qui pendent au cou des vaches.

Ils se rendent sur la grève à deux pas des flots; c'est là que ces oiseaux se tiennent, et la chasse commence. Le premier, tenant d'une main son cercle et de l'autre une torche allumée, marche en avant, éclairant le terrain. Le second le suit à trois pas, agitant régulièrement sa sonnette et se gardant bien de faire un seul *canard*.

Attirés par le feu et étourdis par le bruit, les oiseaux arrivent si près et en si grand nombre, que le chasseur au cerceau peut en couvrir une douzaine ou deux d'un coup.

J'ai assisté plusieurs fois à cette chasse, comme acteur; mais n'ayant aucune espèce de talent sur la sonnette, je me suis vu finalement congédié par mon compagnon.

203. — B. TEMMIA (*T. Temminckii,* Leisl.).

Encore plus petit que le précédent et moins commun. Ses livrées d'hiver et d'été diffèrent considérablement. La première est d'un noir profond sur les parties supérieures, mais chaque plume est liserée de roux foncé; les parties inférieures sont roux clair, avec de petites taches noires.

Il habite le bord des bois et des rivières, rarement les côtes maritimes.

204. — B. ÉCHASSES (*T. minuta*, Leisl.).

De même taille que le précédent, avec lequel il voyage de compagnie. J'en ai tué beaucoup sur la Saône, où on l'appelle *gri-gri*, du cri qu'il fait entendre en volant.

Son plumage d'hiver est cendré sur le dos, et blanc sur le ventre.

En été, le dos devient noir, bordé de roux. Les tarses sont de deux lignes plus grands que ceux du précédent.

205. — B. PLATYRHINQUE (*T. platyrincha*, Temm.).

Trouvé par M. Constantin sur le marché de Besançon. Il paraît fort rarement sur nos rivières.

Il est reconnaissable à son bec très déprimé à la base, et un peu élargi à la pointe qui est toujours courbée.

Genre VIII. — **Echasse** (*Himantopus*).

206. — E. A MANTEAU NOIR (*H. melanopterus*, Mey.).

On voit accidentellement cet oiseau sur les bords de la Saône, et toujours en été. Je n'ai cependant jamais appris qu'il ait niché dans nos marais. J'en ai reçu un, il y a quelques années, qui avait été tué à Conflandey par M. Guy. Il faisait partie d'une petite troupe de quatre ou cinq individus.

Genre IX. — **Sanderling** (*Arenaria*).

207. — S. VARIABLE (*C. arenaria*, Illig.).

Très rare. On le voit sur le bord de nos rivières, ou isolé, ou en compagnie du bécasseau cocorli. Un individu a été tué, il y a quelques années, sur un des quais du Doubs, dans la ville même de Besançon. C'est un habitant des plages maritimes.

Genre X. — **Tourne-pierre** (*Strepsilas*).

208. — T.-P. A COLLIER (*S. collaris*, Temm.).

C'est un oiseau des bords de la mer, dont l'apparition sur les rives des fleuves de l'intérieur est extrêmement rare.

J'ai vu un individu isolé de cette espèce sur les bancs de sable qui séparent encore l'Ognon de la Saône, près du village d'Heuilley.

J'en ai trouvé un autre sur le marché de Besançon.

Genre XI. — **Phalarope** (*Phalaropus*).

209. — P. HYPERBORÉ (*P. hyperboreus*, Lath.).

C'est le plus petit de nos oiseaux nageurs, car sa longueur ne dépasse pas 16 centimètres. Ses doigts ne sont pas palmés comme ceux des canards, mais garnis de membranes festonées et dentelées sur leurs bords.

Son apparition sur nos rivières est tout à fait accidentelle. Le seul que j'aie vu, provenant de notre pays, fait partie de la collection Grandbesançon à Breurey. Il avait été tué par cet amateur sur la rivière de la Lanterne, en 1860. Sa véritable patrie est l'Ecosse.

210. — P. PLATYRHINQUE (*P. platyrinchus*, Temm.).

Plus grand que le précédent, dont il diffère encore par les caractères suivants : bec déprimé dans toute sa longueur, queue longue et très étagée.

Je n'ai jamais vu qu'une fois cet oiseau sur nos rivières; c'était au mois de décembre, à la suite d'un débordement de l'Ognon. Il m'a semblé égaré, car j'ai pu l'approcher à dix pas et l'observer pendant plusieurs minutes. Il fendait l'eau avec une extrême rapidité, cherchant à saisir des insectes à la surface.

C'est un oiseau du nord de l'Europe.

D. — Echassiers macrodactyles.

FAMILLE VI.

RALLIDÉS.

GENRE I. — **Râle** (*Rallus*).

211. — R. D'EAU (*R. aquaticus*, Linn.).

C'est l'espèce que les chasseurs désignent sous le nom de *grand râle*, ou *râle à bec rouge*. Il n'est pas rare, mais toujours isolé. C'est à la fin de l'automne qu'il se montre sur les rives boisées des rivières et des ruisseaux. On l'y voit même pendant tout l'hiver.

212. — R. DE GENÊT (*R. crex*, Linn.).

C'est l'oiseau connu de tous les chasseurs sous le nom de *roi de cailles*. Quelques couples nichent dans nos prairies basses et humides; on m'en a apporté des jeunes au moment de la fauchaison. Il y a des années où il est très commun, et d'autres où l'on en voit fort peu. Pendant les nichées, il ne s'éloigne pas des prairies; mais pendant la migration, on le rencontre partout. En sortant de l'œuf, les petits sont couverts d'un duvet noir.

213. — R. MAROUETTE (*R. porzana*, Linn.).

Plus petit que le précédent. C'est le plus commun du genre. Il habite les marais, où il niche. Son nid est placé dans une touffe d'herbe, à un pied du sol environ. C'est le *petit râle* des chasseurs.

214. — R. POUSSIN (*R. pusillus*, Pall.).

Beaucoup plus rare que le précédent, il est aussi beaucoup plus petit. Le mâle diffère de la femelle en ce que, chez le premier, les parties supérieures sont olivâtres, chaque plume étant rayée de noir, et les inférieures d'un gris bleuâtre sans tache.

La femelle est d'un brun roussâtre en dessus, et cendré en dessous.

Les pieds sont d'un beau vert clair.

Habite les mêmes localités que l'espèce précédente, mais niche rarement chez nous.

215. — R. BAILLON (*R. Baillonii*, Vieil.).

Cette espèce est encore plus petite que le R. Poussin. Elle lui ressemble par les couleurs du plumage et leur distribution, mais ses ailes sont plus courtes ; son bec est vert, et ses pieds sont couleur de chair.

La femelle ne diffère pas du mâle.

Elle est rare dans nos marais ; cependant j'en ai tué dans le temps des nichées, et j'en ai pris des jeunes dans les marais de Courchapon.

Genre II. — **Poule d'eau** (*Gallinula*).

216. — P. D'EAU ORDINAIRE (*G. chloropus*, Lath.).

La poule d'eau est encore assez commune sur les bords de l'Ognon, où elle niche dans les roseaux. Ce ne sont pas les chasseurs qui en font la plus grande destruction, mais bien les pêcheurs avec leur filet appelé *grippe-tout*. Ce filet est une nappe à triples mailles, ayant un mètre cinquante de hauteur et quatre-vingts mètres de longueur. On en entoure un massif de roseaux que l'on bat à coups de rames ou de perches pour faire entrer le poisson dans ce filet. Les oiseaux, qui partent difficilement, plongent et se prennent comme les poissons.

Genre III. — **Foulque** (*Fulica*).

217. — F. MACROULE (*F. atra*, Linn.).

Elle passe tous les ans sur nos rivières, mais en

petit nombre. Son nom vulgaire est *morelle*. Elle est très commune sur les étangs couverts de roseaux où elle niche. Elle se réunit pendant l'hiver en troupes considérables sur les étangs salés des bords de la Méditerranée. Là, on l'appelle *macreuse*.

ORDRE VI.

PALMIPÈDES.

A. — *Palmipèdes longipennes.*

FAMILLE I.

LARIDÉS.

GENRE I. — **Stercoraire** (*Stercorarius*).

218. — S. POMARIN (*S. pomarinus*, Vieill.).

L'apparition de cet oiseau, surtout à l'état adulte, est très rare chez nous.

J'en ai reçu de Port-sur-Saône deux individus de jeune âge; et il y a quatre ou cinq ans, j'en ai vu un autre sur l'Ognon, au mois de novembre, mais n'ai pas pu le tirer.

Dans cet état, son plumage est généralement d'un brun terne, chaque plume étant bordée de roux; les parties inférieures sont d'un brun cendré avec des zigzags roux.

219. — S. PARASITE (*S. parasiticus*, Linn.).

Cet oiseau, parfaitement adulte, a été tué à Port-sur-Saône en 1838. L'ami qui m'en a fait cadeau m'a raconté qu'après lui avoir cassé une aile, il avait eu beaucoup de peine à s'en emparer, par suite du courage qu'il déployait en se défendant contre son chien.

La tête, le dos et les ailes sont d'une couleur brune; la nuque, le cou et la poitrine d'un jaune ocre clair; les parties inférieures blanches. Les filets de la queue ont deux ou trois pouces. Longueur de l'oiseau sans les filets, 40 à 42 centimètres, et avec les filets, 70 à 72.

Un jeune de cette espèce m'a été envoyé en 1837 ou 38 par M. Martin, notaire à Champlitte. Il avait été abattu d'un coup de fouet par le conducteur d'une voiture faisant à cette époque le service de cette ville à Gray.

Son plumage est d'un gris brun, parsemé de taches ou de raies jaunâtres, ou couleur terre sombre. Les membranes qui réunissent les doigts sont moitié blanches et moitié noires.

Genre II. — **Goëland** (*Larus*).

220. — G. MARIN (*L. marinus*, Linn.).

(Goëland à manteau noir de Temminck).

Nous sommes trop loin de la mer pour que les oiseaux qui forment ce genre nous visitent souvent. Les jeunes seulement apparaissent parfois dans nos régions.

L'espèce dont il s'agit ici a été, à ma connaissance, tuée deux fois sur le Doubs.

Les jeunes ont les parties supérieures d'un blanc grisâtre parsemé de taches brunes; les supérieures sont d'un brun noirâtre, et l'extrémité des plumes est bordée de roux. Ils ne prennent le manteau noir qu'après l'âge de deux ans.

Longueur, 70 centimètres.

221. — G. BRUN (*L. fuscus*, Linn.).

(Goëland à pieds jaunes de Temminck).

Les jeunes de cette espèce, qui nous visitent accidentellement, ressemblent à ceux du G. marin ; leur coloration est seulement plus foncée, et ils sont aussi d'une taille plus petite, 50 à 55 centimètres. Les pieds sont d'un jaune d'ocre.

Les vieux sont d'un blanc parfait, à l'exception du manteau qui est d'un noir d'ardoise.

Malgré leur bec, qui est gros, fort et recourbé à son extrémité, les goëlands sont des oiseaux lâches et incapables d'attaquer une proie qui peut leur résister. J'ai vu sur les bords de la mer une troupe de ces oiseaux entourer un canard blessé, dans l'intention de le dévorer ; mais il suffisait d'un mouvement offensif de ce canard pour les mettre tous en fuite. Leur nourriture consiste en poissons morts ou vivants.

222. — G. CENDRÉ (*L. canus*, Linn.).

(Goëland à pieds bleus de Temminck.)

Je n'ai jamais vu les jeunes de cette espèce, tandis que les vieux en plumage d'hiver ne sont pas rares ; j'en ai tué sur l'Ognon et sur la Saône.

Dans cet état, le manteau et les ailes sont d'un cendré bleuâtre, la nuque et les côtés du cou parsemés de nombreuses taches brunes ; le reste d'un blanc parfait. Pieds d'un bleu cendré. — Longueur, 45 centimètres.

223. — G. TRIDACTYLE (*L. tridactylus*, Linn.).

(Mouette tridactyle de Temminck.)

Il résulte des observations faites en 1844, 1852 et 1860 (1), qu'il y a eu un passage considérable de ces oiseaux, non-seulement dans nos départements, mais dans les départements voisins. Pendant ces passages, on a également signalé des cas nombreux où ces

---

(1) C'est en février que ce passage s'est fait dans la Côte-d'Or. — Voir notre Catal., p. 76. (*Note de l'Editeur.*)

oiseaux se sont laissé tuer à coups de bâton ou prendre par les chiens. Ces faits doivent-ils être attribués soit à la fatigue, soit aux suites d'un long jeûne? c'est ce dont il n'a pas été possible de s'assurer.

Lors de son passage habituel, qui n'est jamais abondant, mais toujours assez régulier, cet oiseau est fort difficile à approcher.

Cette espèce, plus petite que la précédente, est toujours facile à reconnaître par l'absence du doigt postérieur, qui est remplacé par un moignon sans ongle.

224. — G. ATRICILLE (*L. atricilla*, Linn.).

(Mouette à capuchon plombé de Temminck).

En 1844, dans le même temps que le passage de l'espèce précédente se faisait en aussi grand nombre, un de mes amis de Port-sur-Saône m'a envoyé deux G. atricilles.

Ce sont des oiseaux excessivement rares, qui ont été amenés dans notre pays avec leurs congénères, par suite des mêmes circonstances. Ils habitent l'Amérique septentrionale.

Un capuchon couleur de plomb couvre la tête et une partie du cou. Le dos et les ailes sont cendrés, et les parties inférieures d'une belle teinte rose clair. Cette couleur disparaît peu de temps après que l'oiseau est monté. — Longueur, 40 centim. environ.

225. — G. RIEUR (*L. ridibundus*, Linn.).

(Mouette rieuse de Buffon).

(Mouette à capuchon brun de Temminck).

Je ne sais quelles routes elle suit à son passage de septembre, car, à cette époque, on en voit très peu, tandis qu'au mois de mars, elle remonte nos rivières en troupes assez nombreuses. C'est à cette dernière époque qu'elle porte un capuchon brun qui recouvre la tête et le devant du cou. En automne, ces mêmes parties sont blanches, avec le devant de la poitrine d'un beau blanc rosé. Son bec et ses pieds sont couleur de laque-vermillon.

226. — G. PYGMÉE (*L. minutus*, Linn.).

C'est par voie d'échange que j'ai obtenu cette mouette de M. Cadolini, naturaliste-préparateur à Besançon. Elle lui avait été donnée par un chasseur qui venait de la tuer sur le Doubs, près Casamène. C'est tout ce que je sais de cet oiseau, dont l'apparition dans notre pays est des plus rares.

La tête et le cou sont couverts d'un capuchon noir; le dos et les couvertures des ailes sont cendrés; les parties inférieures blanches. Tel est le sujet qui est en ma possession. — Longueur, 27 centimètres.

Genre III. — Sterne (*Sterna*).

227. — S. PIERRE-GARIN (*S. hirundo*, Linn.).

Dans ce genre et le suivant, nous sommes moins riches que le département de la Côte-d'Or. Cette infériorité n'a d'autre cause que le manque total d'observations faites sur les bords de la Saône, la seule de nos rivières qui offre des conditions favorables au passage et au séjour de ces espèces, par son cours étendu au milieu de vastes plaines, et par les larges bancs de sable qui garnissent ses bords.

Le petit nombre de ces oiseaux que j'ai pu me procurer, me vient surtout de Port-sur-Saône, où se trouve un gué ayant près d'un kilomètre de long, sur une largeur moyenne de 300 mètres, et parsemé de nombreux îlots et bancs de graviers.

Le pierre-garin est commun à son double passage, mais il ne niche pas chez nous. On le voit au contraire pendant tout l'été sur les bords du Rhin et de ses affluents.

8

228. — S. PETITE (*S. minuta*, Linn.).

Ce n'est que rarement et isolément que nous voyons cette espèce sur nos rivières. Elle n'est cependant pas rare sur le Rhin et sur la Loire. Son véritable *habitat* est sur les côtes maritimes de la France et de la Hollande.

229. — S. ÉPOUVANTAIL (*S. fissipes*, Linn.).

Assez commune sur nos rivières à son double passage.

Son plumage d'automne diffère beaucoup de celui du printemps. En septembre, elle a toutes les parties supérieures d'un cendré bleuâtre, avec la tête noire, et les parties inférieures blanches. Au mois de mai, elle est complétement noire.

Sa nourriture consiste en insectes ailés, libellules et sauterelles, qu'elle prend au vol. Elle niche dans les étangs, sur une touffe d'herbes ou sur les feuilles du nénuphar.

Genre IV. — Thalassidrome (*Thalassidroma*).

230. — T. TEMPÊTE (*T. pelagica*, Ch. Bon.).

C'est par hasard que j'ai eu connaissance de l'apparition de cet oiseau dans notre région. Un jour, un chasseur de Pesmes vint visiter ma collection et me demanda si j'avais l'*oiseau chauve-souris*. Sur ma réponse négative, il me dit avoir tué l'hiver précédent un oiseau tout noir, de la grosseur d'un moineau, avec les pattes d'un canard, et qu'il lui avait donné ce nom parce qu'il ne sortait que le soir des hangars à charbon des forges de Pesmes, où on l'avait observé depuis plusieurs jours. D'après cette description, il me fut tout d'abord difficile de me former une opinion ; mais le fait que cet oiseau avait des pattes de canard m'ayant surtout frappé, je m'empressai de faire voir à mon visiteur un Th. tempête, dans lequel il reconnut sur le champ son *oiseau chauve-souris.*

C'est sur cette donnée que je me suis décidé à inscrire cette espèce dans mon Catalogue, et aussi parce que je savais que sa présence avait été signalée plusieurs fois dans la Côte-d'Or (1).

B. — Palmipèdes totipalmes.

FAMILLE II.

PÉLÉCANIDÉS.

Genre I. — **Pélican** (*Pelicanus*).

231. — P. BLANC (*P. onocrotalus*, Linn.).

Je n'ai jamais vu cet oiseau dans notre pays ; il est cependant bien constaté aujourd'hui que, pendant l'hiver exceptionnel de 1830, il a dû en passer en France une assez grande quantité. A ma connaissance, trois individus ont été tués ou trouvés morts sur divers points du territoire.

La tête et les pieds d'un de ces oiseaux, qui avait été pris dans la glace en 1830, sont conservés à Scey-sur-Saône.

Un de mes collègues en tua un sur la Meuse. Je l'ai vu empaillé chez lui. Enfin, en 1831, M. Nodot, pharmacien à Semur (Côte-d'Or), me fit voir les pieds d'un troisième, qui avait été trouvé l'année précédente près du village d'Epoisses.

Dans son *Catalogue des oiseaux de la Côte-d'Or,* le docteur Marchant cite la capture de deux de ces oiseaux dans ce département, mais sans les dates.

J'ai vu à Besançon, il y a quelques années, dans

(1) Voir notre Catal., p. 77. (*Note de l'Editeur.*)

une maison particulière, un pélican empaillé; mais je ne sais où il avait été tué.

GENRE II. — Cormoran (*Phalacrocorax*).

232. — C. ORDINAIRE (*P. carbo*, G. Cuv.).

Les cormorans nagent et plongent avec une étonnante facilité, et poursuivent entre deux eaux les poissons les plus agiles. En marchant, ils se tiennent dans une position encore plus verticale que les harles, leur longue queue garnie de pennes fortes et très élastiques leur servant de soutien.

Depuis plus de quinze ans que je parcours la vallée de l'Ognon, je n'en ai vu que deux, dont un a été tué sur un peuplier près du pont de Marnay.

Cet oiseau a une habitude que je ne crois pas avoir encore été signalée, et qui est des plus originales. Il choisit ordinairement pour se reposer un point élevé, soit une éminence sur la berge, soit un piquet ou une branche d'arbre, mais dominant toujours l'eau. Lorsqu'il quitte cet endroit, soit de son propre mouvement, soit par la crainte d'un danger, il se jette toujours à l'eau, mais seulement pour y tremper son ventre et ses pattes, à la façon des hirondelles.

Toutes les fois que j'ai eu l'occasion d'en faire lever un, j'ai remarqué la même manœuvre, et cela m'est arrivé huit ou dix fois sur le golfe de Gascogne et sur les étangs Cazaux, très fréquentés par ces oiseaux.

Le plumage d'hiver est complètement d'un noir verdâtre en dessus, et d'un brun cendré et bronzé en dessous.

En été, il porte une huppe d'un vert foncé. Sur le sommet de la tête, les côtés du cou et sur les cuisses, quelques plumes d'un blanc pur. Les trois doigts antérieurs sont réunis par une membrane à celui de derrière. Bec assez long et crochu.

Les jeunes sont d'un brun foncé en dessus, et d'un gris brun en dessous.

Longueur, 27 à 29 pouces.

233. — C. HUPPÉ (*P. cristatus*, Fabr.).

Un individu jeune a été tué aux Verrières en 1856 ; il fait partie du musée de la ville de Besançon.

J'en possède un dans ma collection, en plumage d'hiver ; il a été pris sur la Marne en 1844.

Avec la livrée de cette saison, toutes les parties inférieures sont d'un noir verdâtre mat ; sur les côtés du cou, quelques plumes blanches fines et clairsemées ; le dos et les ailes d'un cendré foncé, chaque plume de ces parties étant bordée d'un noir profond.

En été, l'occiput est orné d'une huppe composée de longues plumes d'un vert foncé ; le sommet de la tête et le cou marqués de raies longitudinales noires et blanches ; parties inférieures d'un blanc pur ; le dos et les ailes, d'un brun roussâtre, parsemés d'une multitude de petites taches.

C'est à peu près le plumage des vieux, sauf une bande d'un roux marron vif que ces derniers portent sur le devant du cou.

Plus petit que le précédent (22 à 23 pouces).

C. — Palmipèdes lamellirostres.

FAMILLE III.

ANATIDÉS.

Genre I. — Oie (*Anser*).

234. — O. CENDRÉE ou PREMIÈRE (*A. ferus*, Linn.).

Cette espèce est la souche de toutes nos races domestiques. Elle est bien plus rare que la suivante, car je n'en ai jamais vu que pendant les hivers rigoureux, et par petites troupes de trois ou quatre individus au plus.

Pendant la dernière invasion, j'en ai observé, à l'aide de ma longue-vue, qui ont séjourné dans la prairie de Marnay.

Elle diffère de l'oie vulgaire par son bec plus gros et tout entier d'un jaune orange, par ses pieds couleur de chair et son plumage d'un cendré clair.

Une femelle de cette espèce s'est accouplée avec un cygne domestique dans les fossés des fortifications de Vitry-le-Français. De ce croisement sont nés des métis inféconds d'une forte taille, mais ne différant de leur mère que par un bec très gros, complétement noir et tuberculé. Deux de ces métis font partie de ma collection.

235. — O. SAUVAGE ou VULGAIRE (*A. segetum*, Gmel.).

Commune dans nos contrées pendant certains hivers, tandis que dans d'autres on n'en voit passer que quelques bandes.

Elle diffère de la précédente par son bec long et déprimé, noir à sa base et jaune dans son milieu, et par ses pieds d'un rouge orange. La tête et le cou sont d'un cendré brun. Les parties supérieures sont plus foncées, chaque plume étant lisérée de blanc. Croupion d'un brun noirâtre.

De passage périodique dans nos climats, mais niche dans le Nord.

236. — O. RIEUSE ou A FRONT BLANC (*A. albifrons*, Gmel.).

Beaucoup plus rare que l'espèce précédente, dont elle diffère, d'abord par sa plus petite taille, par son bec qui est tout entier d'un jaune orange, et par ses pieds qui sont de la même couleur. Un grand espace blanc sur le front; les parties inférieures blanchâtres, parsemées de larges taches noires.

Elle ne nous visite que pendant les hivers rigoureux. J'en ai vu une à Marnay et une autre sur le marché de Besançon. Elle est assez commune sur les côtes maritimes de la France.

Genre II. — Cygne (*Cygnus*).

237. — C. SAUVAGE (*C. ferus*, Linn.).

Ne paraît dans nos départements que pendant les hivers rigoureux.

Pendant les derniers jours de janvier et une partie de février 1871, une vingtaine de ces oiseaux ont séjourné dans nos prairies. Cette station prolongée est probablement due à la sécurité dont ils jouissaient, protégés par la garnison prussienne de Marnay; car, pendant tout ce temps, ils n'ont pas été dérangés une seule fois. Tous les jours, je les voyais avec ma longue-vue, se promenant dans les prés, ou s'ébattant sur l'Ognon.

Je n'ai pas découvert dans cette troupe la nouvelle espèce désignée sous le nom de C. de Bewich. Je connais parfaitement cet oiseau, car j'en ai conservé un vivant pendant trois ans. Je m'en étais emparé après l'avoir légèrement blessé à l'aile, et, l'ayant apporté à la maison, il s'est montré de suite si familier, que je me suis décidé à le conserver vivant. Après un mois de captivité, il venait à la voix, et prenait dans la main la nourriture qu'on lui offrait.

Obligé de quitter Châlons-sur-Marne en 1844, j'ai dû le donner à un de mes amis, ce qui fait que cette espèce manque à ma collection.

Elle diffère de l'autre par sa taille plus petite, par

son bec plus gros à la base et plus élevé, et par les palmures de ses pieds qui sont plus larges.

GENRE III. — **Canard** (*Anas*).

Section A. — DOIGT DE DERRIÈRE SANS MEMBRANE.

238. — C. SAUVAGE (*A. boschas*, Linn.).

Encore assez commun sur nos rivières à son double passage, mais bien moins qu'autrefois. Il y a vingt ou vingt-cinq ans, les chasseurs de Marnay tuaient annuellement deux cents canards ; aujourd'hui ils en tuent à peine trente.

On a divisé les canards en deux sections : la première, qui pour notre pays comprend sept espèces, a pour caractère distinctif d'avoir le doigt postérieur ou pouce dépourvu de membrane.

Les huit espèces qui font partie de la seconde section portent à ce même doigt une large membrane.

C'est parmi les premiers que doivent choisir les gourmets pour avoir un bon rôti. Ils ne plongent jamais, à moins qu'ils ne soient blessés ou qu'ils ne jouent entre eux. Leur nourriture consiste en insectes et plantes aquatiques, et en toute espèce de graines.

Les seconds, au contraire, sont des oiseaux essentiellement plongeurs, se nourrissant surtout de petits poissons et de coquillages, ce qui donne à leur chair un goût de marais désagréable.

239. — C. CHIPEAU ou RIDENNE (*A. strepera*, Linn.).

Beaucoup plus rare que le précédent. Il est plus petit ; sa tête et son cou sont parsemés de points bruns sur fond gris ; le bas du cou, le dos et la poitrine marqués de croissants noirs en forme d'écailles ; sur les ailes une large tache d'un roux marron ; miroir blanc ; pieds orange.

La femelle ressemble au mâle, mais les teintes sont moins tranchées.

240. — C. A LONGUE QUEUE ou PILET (*A. acuta*, Linn.).

Ce canard a le cou mince et très allongé. Il est facile de le reconnaître aux deux grands filets formés par les sections médianes de la queue.

La femelle a tout le plumage d'un gris roussâtre, et les filets sont moins longs que chez le mâle.

Il est commun sur l'Ognon à son double passage, mais surtout à celui du printemps.

241. — C. SIFFLEUR (*A. penelope*, Linn.).

C'est de nos canards celui qui a le plus petit bec, et dont la forme a quelque rapport avec celui de l'oie. Il est bleu avec la pointe noire.

Front blanc jaunâtre ; tête et cou d'un roux marron ; gorge noire ; poitrine couleur lie de vin. Le miroir de l'aile porte trois bandes, dont une verte au milieu et une noire de chaque côté.

Il nous visite par grandes bandes aux deux époques de son passage. Quelques couples nichent dans nos marais.

C'est, avec le milouin, celui que les chasseurs nomment *rougeot*.

242. — C. SOUCHET (*A. clypeata*, Linn.).

C'est un très joli canard, mais son long bec en forme de spatule le rend disgracieux. Sa tête et son cou sont d'un beau vert, sa poitrine d'un blanc pur ; ventre et flanc d'un roux marron ; couverture des ailes bleu clair ; miroir d'un vert foncé.

La femelle porte une livrée obscure, mais elle est toujours facilement reconnaissable à son bec.

Sa taille approche de celle du siffleur : 48 centim. Il niche dans nos marais et quelquefois dans nos champs cultivés. On m'en a apporté des jeunes pris dans un champ de seigle.

243. — C. SARCELLE, (*A. querquedula*, Linn.).

(Sarcelle commune ou sarcelle d'été de Buffon).

Son nom de sarcelle d'été lui vient de ce qu'elle nichait autrefois dans nos marais; ce qui est rare aujourd'hui.

La chasse, qui reste ouverte jusqu'au 31 mars pour le marais, est la cause principale de la disparition de cette espèce, comme aussi de la poule d'eau, des râles et des bécassines.

On sait, en effet, que toutes ces espèces commencent à pondre dès les derniers jours de mars, comme la bécasse.

244. — C. SARCELLINE (*A. crecca*, Linn.).

(Petite sarcelle ou sarcelle d'hiver de Buffon.)

C'est le plus petit de nos canards, la sarcelle d'été étant un peu plus grosse. Elle niche rarement chez nous, mais elle y est très commune à l'époque des passages; il en reste même pendant tout l'hiver.

Elle diffère de l'autre par la taille, par la tête et le cou qui sont d'un roux marron. Sur les joues, une large bande d'un vert à reflets; ventre, poitrine et flancs marqués de zigzags blancs et noirs; miroir vert et noir.

La femelle est d'un brun roussâtre, plus foncé sur le dos. Longueur 35 centimètres. Les parties inférieures sont quelquefois d'un roux couleur de rouille, mais cette coloration est due à un séjour prolongé dans des marais ferrugineux. J'ai fait la même observation pour les bécasses.

Section B. — UNE MEMBRANE AU DOIGT POSTÉRIEUR.

245. — C. GARROT (*A. clangula*, Linn.).

Le garrot ne nous visite pas tous les ans. Il faut

une température très basse dans le Nord pour qu'il descende sur nos rivières. Il plonge encore plus fréquemment que le précédent, et paraît ne chercher sa nourriture qu'au fond de l'eau.

246. — C. MILOUINAN, (*A. marina,* Linn.).

Le milouinan, comme la plupart des canards de cette section, a des formes lourdes et disgracieuses, surtout quand il marche. La position de ses pieds, placés très en arrière, ne lui permet pas de s'élever perpendiculairement hors de l'eau. Il faut qu'il en rase la surface pendant plusieurs mètres pour pouvoir le faire, mais il nage bien et plonge longtemps.

Le mâle a la tête et toutes les parties antérieures d'un noir profond; les parties inférieures et le dos blancs rayés de zigzags noirs; bec bleu clair; iris jaune.

La femelle porte une large bande blanche autour du bec. Le reste du plumage est d'un brun clair finement liséré sur le dos.

De passage irrégulier sur nos rivières.

247. — C. MILOUIN (*A. ferina*, Linn.).

Comme couleur, il ne diffère du précédent que par la tête et le cou qui sont d'un roux rougeâtre.

Le bec est long et noir, traversé dans son milieu par une bande d'un bleu foncé.

La femelle est gris brun roussâtre uniforme. Les tarses et les doigts sont bleuâtres, et les membranes noires.

Il est assez commun dans notre pays, et je crois même qu'il y niche, car j'en ai tué de jeunes sur la petite rivière de Vesoul, et sur la Saône près Pontailler.

Un peu moins grand que le milouinan.

248. — C. DOUBLE MACREUSE (*A. fusca*, Linn.).

C'est un habitant des bords de la mer, et nous ne voyons ordinairement chez nous que les jeunes de cette espéce, surtout pendant les inondations succédant à des hivers rigoureux, au moment de la fonte des glaces.

C'est un gros canard dont tout le plumage est d'un noir profond, à l'exception d'un croissant blanc au-dessus des yeux et d'un miroir de même couleur sur les ailes. Le bec est moitié jaune et moitié noir; les doigts sont rouges et les membranes noires.

Les jeunes et les femelles sont d'un noir couleur de suie.

Tous les canards de cette section, comme nous l'avons déjà dit, sont des plongeurs infatigables.

249. — C. MACREUSE (*A. nigra,* Linn.).

Plus petit que le précédent. Tout le plumage, sans exception, d'un noir profond; sur le haut du bec, un tubercule jaune; le tour des narines orange; le reste noir. Les femelles et les jeunes sont d'un brun noirâtre taché de cendré.

Tout aussi rare chez nous que la double macreuse Commun sur les côtes maritimes de France. Mêmes habitudes et même nourriture que le précédent.

250. — C. MORILLON (*A fuligula*, Linn.).

Assez commun à son double passage, qu'il effectue le plus souvent en rasant la surface de l'eau.

C'est un petit canard presque rond; du moins il paraît tel quand on l'observe sur l'eau. Il plonge aussi, mais moins souvent que le garrot.

La femelle est plus petite que le mâle.

251. - - C. DE MICLON (*A. glacialis*, Linn.).

Ce canard a été tué sur l'Ognon en 1866, par un chasseur de Ruffey, et envoyé sur le marché de Besançon, où heureusement il a été trouvé par M. Constantin à l'étalage d'un marchand de gibier. Il fait aujourd'hui partie du musée de la ville.

Cette espèce a la taille du siffleur. Son bec est très court, noir, avec une bande rouge au milieu ; la tête et le devant du cou blancs, la gorge et les joues cendrées; sur les côtés du cou une large tache d'un brun marron; la poitrine et le dos couleur de suie; les grandes couvertures des ailes blanches ; deux filets très longs dépassent la queue de 10 centimètres.

La femelle a les teintes moins vives et les filets plus courts.

252. — C. NYROCA ou A IRIS BLANC (*A. leucophtalmos*, Bechst.).

Ce petit canard n'est pas commun. Je ne l'ai jamais tué que deux fois sur l'Ognon, et l'ai toujours vu isolé.

Tête, cou, poitrine d'un brun rougeâtre très vif; autour du cou un petit collier brun foncé ; une petite tache blanche irrégulière sous le bec ; les parties supérieures d'un brun noirâtre à reflets ; parties inférieures d'un blanc pur; miroir de l'aile blanc; bec bleuâtre; iris blanc.

La femelle ressemble au mâle, mais avec les teintes beaucoup moins pures.

Comme le garrot, il fait entendre, en volant, un bruit d'ailes qui se perçoit de fort loin.

Sa taille est à peu près celle du morillon.

Genre IV. — Harle (*Mergus*).

253. — H. VULGAIRE (*M. merganser*, Linn.).

Les harles ressemblent beaucoup aux canards; mais leur bec est presque cylindrique, courbé à son extrémité, et dentelé en forme de scie. Les pieds sont encore plus en arrière que chez les canards de la deuxième section.

Ils plongent facilement et longtemps. Leur nourriture consiste en poissons, dont ils font une grande destruction.

Dans l'espèce qui nous occupe, la tête est surmontée d'une grosse huppe très touffue, d'un noir verdâtre à reflets. La partie inférieure du cou, la poitrine, le ventre, les couvertures des ailes et les scapulaires sont d'un blanc jaune rosé. Le haut du dos est d'un noir profond; les grandes couvertures des ailes lisérées de noir. Queue cendrée. Bec et pieds rouges.

La femelle a la tête et le haut du cou roussâtres. Sa huppe est longue et effilée. Les parties supérieures sont d'un cendré foncé. Miroir blanc sans bandes transversales.

Dans les premiers jours de janvier 1838, j'en ai vu une grande quantité sur la Loire, et les marchés en étaient abondamment pourvus.

Comme toutes les espèces du genre, c'est un détestable gibier.

254. — H. HUPPÉ (*M. serrator*, Linn.).

Les individus adultes de cette espèce se montrent rarement sur nos rivières; cependant, en 1860, un vieux mâle et un autre à moitié adulte m'ont été envoyés par M. Galaire, de Port-sur-Saône.

Le mâle a toute la tête et une petite partie du cou d'un noir verdâtre. La huppe, au lieu d'être touffue comme dans le grand harle, est formée de longues plumes effilées; un collier blanc entoure le cou. La poitrine est roussâtre, marquée de taches noires. A l'insertion des ailes, quelques plumes blanches et noires forment une rosace. Parties supérieures d'un noir profond. Ventre et miroir blancs, ce dernier coupé par une bande cendrée. Bec rouge, pieds orange.

La femelle a le cou et la tête roux; poitrine, dos et ailes cendrés; miroir blanc coupé par une bande cendrée.

255. — H. PIETTE (*M. albellus*, Linn.).

Il ne paraît sur nos rivières que pendant les hivers rigoureux.

J'ai tué une femelle sur le Durgeon, près Vesoul, en 1859, et un jeune mâle sur l'Ognon, en 1861.

Le mâle adulte porte une huppe touffue. Sur les côtés du bec une tache d'un noir verdâtre, et une semblable à l'occiput. La huppe, le cou, les scapulaires, les petites couvertures des ailes et toutes les parties inférieures d'un beau blanc. Deux croissants d'un noir profond sur les côtés de la poitrine. Queue cendrée. Bec et doigts d'un cendré bleuâtre. Membranes noires. Longueur 15 à 16 pouces.

La femelle a la tête d'un brun roux; le cou blanc; la poitrine et les flancs cendrés; les parties supérieures de même, mais plus foncées sur le dos.

D. — Palmipèdes brachyptères.

FAMILLE IV.

COLYMBIDÉS.

Genre I. — **Plongeon** *(Colymbus)*.

256. — P. IMBRIM (*C. glacialis*, Linn.).

Ces oiseaux ont, pour ainsi dire, les pieds dans l'abdomen, tant ils sont implantés à l'arrière du corps. Aussi quand ils sont à terre, ils ne peuvent garder l'équilibre qu'avec l'aide de leurs ailes dont ils se servent comme d'un soutien. Si ce point d'appui vient à leur manquer, ils se laissent tomber sur le ventre.

Le genre grèbe est dans le même cas : aussi ces oiseaux ne viennent à terre que pour y faire leur ponte.

Les adultes diffèrent beaucoup des jeunes. Ces derniers, que nous voyons quelquefois sur nos étangs et sur nos rivières, ont la tête et la partie postérieure du cou d'un brun cendré; le devant du cou et toutes les parties inférieures d'un blanc pur; plumes du dos, des ailes et des flancs d'un brun foncé et bordées de cendré clair.

Les adultes ont la tête et le cou d'un vert foncé à reflets bleuâtres; une petite bande rayée de blanc et de noir au-dessous de la gorge; un large collier rayé longitudinalement de noir et de blanc à la partie postérieure du cou; le dos, les ailes et les flancs d'un noir profond; chaque plume marquée d'une tache carrée d'un blanc pur; parties inférieures blanches. Longueur 28 à 30 pouces.

J'en ai vu un jeune sur l'Ognon en 1863. Un autre a été tué sur la Saône, et un troisième a été pris sur le canal latéral de la Saône.

257. — P. LUME (*C. arcticus*, Linn.).

Les jeunes de cette espèce sont plus communs chez nous que ceux de l'espèce précédente. J'en ai vu plusieurs à l'état vivant, et d'autres montés par des chasseurs de ma connaissance.

Il ne m'en est arrivé qu'un ayant déjà une partie de la livrée de l'adulte, qui pouvait avoir de deux à trois ans. Il fait partie de ma collection.

Les vieux ont la tête et la nuque d'un cendré brun; gorge et devant du cou d'un noir violet à reflets; au-dessous de la gorge une bande blanche et noire; sur les côtés du cou, une large bande rayée longitudinalement de noir et de blanc; parties inférieures d'un blanc parfait; dos, croupion et flancs d'un noir profond; parties supérieures noires et blanches; sur les ailes, douze à quinze bandes d'un blanc pur. Longueur : 24 à 26 pouces.

258. — P. CAT-MARIN (*C. septentrionalis*, Linn.).

Se rencontre aussi souvent que le précédent et dans les mêmes localités; mais ce sont toujours des jeunes de un à deux ans. Je n'en ai jamais vu un seul dans notre pays qui ait la gorge entièrement rousse.

A l'âge d'un an, les sujets de cette espèce ont déjà la tête et le cou cendrés ou couleur de souris; sommet de la tête marqué de taches noires; parties inférieures du cou rayées longitudinalement de noir et de blanc; parties supérieures d'un blanc pur; le dos et les ailes d'un brun noirâtre parsemé d'une multitude de petites taches blanches.

C'est à peu près la livrée des vieux, sauf une bande d'un roux marron vif que ces derniers portent sur le devant du cou.

Longueur : 23 à 24 pouces.

Genre II. — **Grèbe** (*Podiceps*).

259. — G. HUPPÉ (*P. cristatus*, Lath.).

Les grèbes sont en général des nageurs et des plongeurs excellents; en plongeant ils se servent de leurs ailes et semblent voler sous l'eau.

Le grèbe huppé est le plus grand du genre. Sa longueur totale est d'environ 48 centimètres.

Les vieux portent une huppe et une large fraise d'un noir lustré; toutes les parties inférieures sont blanches et argentées. Les jeunes n'ont ni huppe ni fraise.

N'est un peu commun que pendant les hivers rigoureux.

260. — G. JOUGRIS (*P. rubricollis*, Lath.).

Une huppe très courte, pas de fraise, mais les joues et la gorge d'un beau gris de souris; le devant du cou et la poitrine d'un roux couleur de rouille; les parties inférieures blanches.

Plus rare que le grèbe huppé.

Un chasseur de Marnay m'en a envoyé un, il y a quatre ou cinq ans, qui était à moilié adulte.

Les jeunes sont d'un blanc jaunâtre sur toutes les parties inférieures.

261. — G. ESCLAVON (*P. cornutus*, Lath.).

Toute la tête et la fraise qui entoure le cou, d'un noir profond. A l'état adulte, deux grandes touffes de plumes placées derrière les yeux sont d'un roux vif, ainsi que le cou et la poitrine.

Nous le voyons rarement avec cette livrée, tandis que les jeunes sont assez communs. Les uns et les autres se distinguent de l'espèce suivante par l'œil dont l'iris est double, c'est-à-dire que la prunelle est entourée d'un cercle jaune suivi d'un second cercle d'un rouge vif.

262. — G. OREILLARD (*P. auritus*, Lath.).

Huppe et fraise très courtes et d'un noir profond; derrière les yeux un pinceau de plumes effilées, longues et de couleur jaune et rousse; le cou et le haut de la poitrine noirs.

Les jeunes ont la gorge et toutes les parties inférieures blanches. Ils n'ont ni fraise ni huppe. Rare.

263. — G. CASTAGNEUX (*P. minor*, Lath.).

Trés commun sur nos rivières à son double paspassage. Il niche de préférence sur les étangs couverts de roseaux ou de saules à demi-submergés. Les adultes nous quittent de très bonne heure, tandis que les jeunes ne partent que quand ils sont chassés par les glaces.

Les mâles et les femelles adultes se distinguent des jeunes par la tête qui est noire, par le cou marron et la poitrine noirâtre.

Besançon. — Imp. Dodivers, Grande-Rue, 87.

www.ingramcontent.com/pod-product-compliance
Ingram Content Group UK Ltd.
Pitfield, Milton Keynes, MK11 3LW, UK
UKHW020317250726
13967UKWH00004B/1770

9 782013 355650